KB195332

추천사

"많은 학생들이 과학이나 물리를 추상적인 정의와 문제 풀이를 통해서만 배웁니다. 하지만 이러한 접근은 물리학이 가진 매력을 충분히 느끼게 하지 못할 뿐만 아니라, 현상의 본질을 이해하고 변화하는 상황에 개념을 적용하며, 상상력과 창의적 사고를 통해 세상을 이해하는 능력을 키우는 물리 공부에 걸림돌이 될 수 있습니다.

이 책은 실제로 우리가 접하는 '현상'에서 출발하여, '일상'에서 마주치는 친숙한 상황들을 물리적으로 해석하도록 유도하는 점에서 독창적이고 흥미롭습니다. 나아가, 물리량을 직접 계산하고 이를 통해 물리적 개념을 체감하게 함으로써 독자들이 자연스럽게 물리에 흥미를 갖도록 돕습니다.

과학에서는 단순한 문제 풀이 능력보다는 새로운 생각을 할 수 있는 창의적 사고가 중요합니다. 이 책은 현상을 물리적으로 분석하는 데 그치지 않고, 독자들이 그 현상을 새롭게 바라보도록 하며 다양한 질문을 던지게 합니다. 질문에 대한 답을 찾아가는 과정 속에서 독자들은 과학적 질문의 중요성을 깨닫고 창의적 사고를 확장할 기회를 얻게 될 것입니다.

저는 이 책이 물리학을 처음 접하거나 어려워했던 독자들에게 물리학이 단순히 어려운 문제를 푸는 과목이 아니라, 세상을 이해하는 즐겁고 흥미로운 학문임을 일깨워줄 것이라고 확신합니다. 이를 통해 독자들이 물리에 대한 자신감과 흥미를 가지게 되기를 진심으로 기대합니다."

— 도현진(서울과학고등학교 물리교사)

상상하면
더 재미있는
불리 이야기

상상하면 더 재미있는 물리 이야기

고타니 다로 감수
지비원 옮김
도현진 감역

메멘토

물리학은 엄청나게 재미있다

"왜 내가 의문을 품는지에 대해 생각하려고 멈춰 서면 안 된다.
중요한 것은 끊임없이 의문을 품는 데 있다."

—알베르트 아인슈타인(이론물리학자)

우리는 일상에서 잠시 쉬어 간다는 생각으로 도움이 안 되는 공상이나 있을 법하지 않은 몽상에 빠집니다. 이 책은 그런 공상과 몽상이 실현될 가능성을 물리학을 바탕으로 진지하게 탐구합니다.

예를 들어 봅시다. '풍선으로 집을 허공에 띄울 수 있을까?' 풍선이 1760만 개라면 질량이 100톤인 집을 들어 올릴 수 있습니다. '지구의 자전을 멈추면 어떻게 될까?' 곧바로 시속 1700km의 폭풍과 쓰나미가 지표면을 파괴합니다. '옆 마을까지 닿는 리모컨을 만들 수 있을까?' 중성미자를 이용하면 멀리 떨어져 있는 가전제품을 조작할 수 있을지도 모릅니다.

물리학은 이렇게 어린아이가 할 법한 질문이나 언뜻 쓸모없어 보이는 의문에 해답을 제시하고 사고를 한 걸음 더 나아가게 해 주는 학문입니다.

'생각할 가치도 없는' 듯한 의문을 진지하게 생각함으로써, 지루한 일상을 날려 보낼 수 있는 '엄청난 재미'를 느낄 수 있습니다. 이런 재미를 이 책을 통해 만끽하시길 바랍니다.

—고타니 다로

이 책의 특징

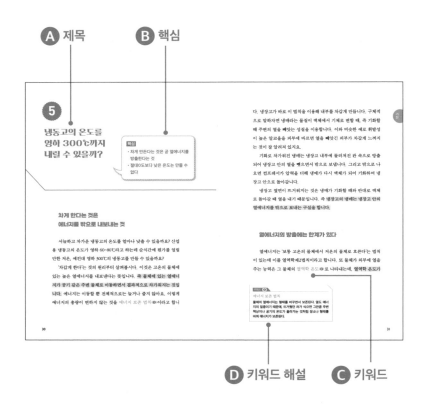

A 제목: '물리적으로 실현할 수 있을까?' 하고 의문을 품을 만한 제목을 제시한다.
B 핵심: 이야기의 흐름을 대략적으로 밝힌다.
C 키워드: 글에서 중요한 어구를 강조한다.
D 키워드 해설: 키워드에 대한 설명. 이야기를 읽는 데 도움이 된다.

이해하기 어려운 물리학 법칙을 친근한 예와 풍부한 그림으로 쉽게 풀었다.
'상상하면 더 재미있는' 일상 속 물리 이야기를 만나보자!

E 그림 해설

F 결론

E 그림 해설: 이야기의 요점을 그림으로 이해할 수 있다.
F 결론: 제목과 짝을 이루는 형식으로 명제의 실현 가능성을 간결하게 설명한다.

※ 무게 표기 … 이 책에서는 물건이나 몸의 무게를 재는 단위로 그램포스(gf), 킬로그램포스(kgf), 뉴턴(N) 등을 쓰며 질량을 재는 단위로 그램(g), 킬로그램(kg)을 씁니다. 무게란 질량이 있는 물체가 받는 중력으로서 힘의 단위로 나타냅니다. 또한 무게는 그 물체가 놓여 있는 천체나 상태에 따라 달라집니다.

차례

신성한 호기심을
잃어버리면 안 된다.

— 아인슈타인

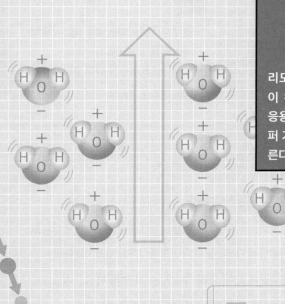

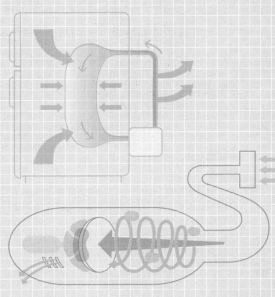

1부
가전 이야기

리모컨이나 전자레인지, 압력솥같이 친근한 가전제품도 물리법칙을 응용해서 만들었다. 법칙을 알면 '슈퍼 가전제품'을 만들 수 있을지도 모른다.

1

데이터를 무한히 기억하는 플래시메모리를 만들 수 있을까?

핵심
- 현재 기억장치는 0과 1을 나열해 데이터를 기록한다
- 기억 용량에는 물리적 한계가 있다

메모리 용량의 한계를 탐색하다

우리 주변에 다양한 기억매체가 있습니다. 그중 USB메모리와 SD메모리카드(❶)로 대표되는 플래시메모리가 가장 친숙하지요. 참고로, 스마트폰에 내장된 기억매체도 거의 다 플래시메모리입니다.

플래시메모리의 용량이 최근 10년 사이에 비약적으로 늘어났습니다. SD메모리카드의 용량이 15년 전쯤에는 수십, 수백 메가바이트(❷)

키워드 ❶

SD메모리카드
우표 크기의 기억매체로서 디지털카메라나 휴대전화의 데이터 보존을 비롯해 널리 쓰인다. 기록 용량은 최대 2테라바이트이며 미니SD나 마이크로SD도 있다.

가 대부분이었는데 순식간에 기가바이트 수준으로 늘어 이제 512기가바이트짜리 제품도 판매되고 있습니다. 게다가 SD메모리카드보다 큰 플래시메모리는 몇 테라바이트짜리 제품도 적지 않습니다.

그럼 이대로 기술이 발전해서 플래시메모리의 용량이 끝없이 커질까요? 이 문제를 생각하기 전에 데이터를 기록하는 방법부터 살펴봅시다.

컴퓨터 데이터는 기본적으로 0과 1을 나열해서 기록합니다. 가장 작은 데이터는 0이나 1로 나타내는 두 자리 숫자로 된 수치고, 이 최소 데이터를 1비트라고 합니다. 현재 플래시메모리는 0과 1을 셀❸이라고 부르는 매우 작은 칸 속에서 구별합니다. 구별 기준은 전자가 있거나(0) 없는(1) 상태이며 이를 1비트의 데이터로서 기록합니다. 따라서 기억 용량은 이 셀이 몇 개인가를 말하기도 합니다.

셀 자체는 매우 작지만 1기가바이트의 경우 80억 개의 0 또는 1을 기억해야 하기 때문에 물리적인 크기의 영향을 받습니다. 그래서 같은 크기에 더 많은 데이터를 기억하려면 더 작은 범위에 셀을 채우는, 즉 집적하는 기술이 필요합니다.

키워드 ❷

메가바이트(MB)

정보의 단위. 정보의 최소 단위는 1비트로, 8비트가 1바이트다. (메가바이트 이상은 단위 표를 참조.)

키워드 ❸

셀

최근에는 셀 하나에 1비트만 기록하는 싱글레벨셀(SLC)에 더해 한 셀에 여러 비트를 기록할 수 있는 다중레벨셀(MLC) 기술도 개발되었다.

1비트는 얼마나 작아질까?

플래시메모리뿐만 아니라 기억 셀에 관한 기술이 점점 나아지고 있습니다. 크기가 점점 작아지는 한편 셀 하나에 숫자 두 개밖에 기록하지 못하는 2진법보다 효율적인 기록 방법이 연구되고 있습니다. (한 셀에 숫자 10개를 기록하는) 10진법이나 (한 셀에 숫자 100개를 기록하는) 100진법 같은 기억 셀 연구입니다.

얼마나 작아질지 예상하기는 어렵지만, 주기표에 실려 있는 일반 물질을 이용하는 한 기억 셀을 원자 하나보다도 작게 만들 수는 없습니다.

하지만 양자 하나와 전자 하나로 이루어지는 수소 원자의 전자가 회전하는 상태인 스핀을 1비트의 기억 셀로 하는 데 성공할 경우, 이론적으로는 이것이 최소 기억 셀이 됩니다. 그리고 질량이 1g인 기억 장치라면 그 안에 수소 원자 6×10^{23}개가 들어갑니다. 이때 기억 용량은 6×10^{23}비트, 즉 750억 테라바이트입니다.

이것이 기술의 이론적 한계인데, 이 정도라도 데이터 용량으로서는 상당히 큽니다. 만약 이런 기억 장치를 만들기만 한다면, 2017년 기준으로 세계에 존재하는 디지털 데이터 전체를 겨우 1g의 장치에 넣을 수 있어요.

플래시메모리의 셀 구조

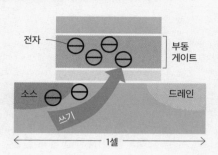

전자

부동 게이트

소스

쓰기

드레인

1셀

정보가 보존되는 부동 게이트

플래시메모리의 셀은 그림처럼 부동 게이트에 전자가 들어 있는가, 들어 있지 않은가로 데이터를 기록한다. 그림은 부동 게이트에 전자가 있는, 즉 데이터가 쓰인 '0'의 상태를 나타낸다.

기억 셀의 개발

2진법 이상을 기억할 수 있는 셀이 등장할까?

2진수의 두 자리만 기록하는 현재의 기억 셀보다 많은 수의 상태를 기록할 수 있는 기억 셀이 실용화된다면 기억 용량이 엄청나게 커진다.

• 2진법 기억 셀의 경우

0	1	1	0	0	1	1	1
×2	×2	×2	×2	×2	×2	×2	×2

= 256가지

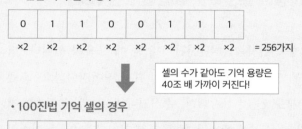

> 셀의 수가 같아도 기억 용량은 40조 배 가까이 커진다!

• 100진법 기억 셀의 경우

90	1	0	31	55	62	31	85
×100	×100	×100	×100	×100	×100	×100	×100

= 1경 가지

결론

무한 기억은 불가능! 용량에는 물리적 한계가 있어요.

2

순식간에
밥을 짓는
전기밥솥을
만들 수 있을까?

핵심
- 전기밥솥으로는 한계가 있다
- 충격파를 이용하면 쌀과 물을 순식간에 가열할 수 있다

충격파를 이용해 초고속으로 밥을 짓는다고?

전기밥솥의 쾌속 취사 기능은 시간이 없을 때 도움이 됩니다. 버튼을 누르고 20분 정도만 기다리면 맛있는 밥이 지어지니까요. 그런데 바쁠 때는 20분도 긴 것 같습니다. 순식간에 밥을 짓는 초고속 전기밥솥이 있다면 아침 식사 준비가 꽤 쉬워질 겁니다. 어떤 물리법칙을 이용하면 이런 꿈의 전기밥솥을 만들 수 있을까요?

키워드 ①

줄열

전류가 도체에 흐르면서 생기는 열. 열량은 전류의 제곱과 도체의 저항, 전류가 흐르는 시간에 비례한다.

18

밥을 순식간에 지으려면 쌀이 든 솥을 한순간에 고온으로 가열해야 합니다. 보통 전기밥솥은 전선에 전류를 흘려 줄열(❶)이나 유도전류를 통해 가열합니다. 조리 시간을 짧게 하려면 전력을 높여 발생하는 열량을 높이는 방법이 있는데, 우리는 열이 전달되는 속도가 매우 짧은, 충격파(❷)를 이용하는 가열 방법을 생각해 봅시다.

소리는 공기나 물과 같은 유체(流體)(❸)나 고체를 통해 전달됩니다. 소리가 전달되는 속도인 음속은 영상 20℃일 때 시속 1200km나 됩니다. 엄청난 속도인데, 만약 이보다 빠르게 움직이는 물체가 있다면 어떤 일이 벌어질까요? 유체 중에 있는 물체가 음속을 뛰어넘는 속도로 움직이면 유체가 초음속으로 떠밀리고, 이때 충격파라는 파동이 생깁니다. 충격파가 지나가면 온도가 급격히 올라가고, 이 온도는 충격파의 속도가 빠를수록 높아집니다.

우주 최강의 충격파!

우주에서 가장 큰 폭발 현상이라고 할 수 있는 초신성 폭발(168쪽 참조) 중에 우주에서 가장 강한 충격파가 생깁니다. 우주 공간은 거의 텅 빈 진공이지만 극히 적은 원자나 분자가 떠 있어서 이들에게 충격

키워드 ❷

충격파

물체가 유체(기체나 액체)에서 음속(유체나 고체에 소리가 전달되는 속도)보다 빠르게 움직이면서 생기는 파동.

키워드 ❸

유체

기체나 액체처럼 작은 힘으로 쉽게 변형되는 물질을 유체라고 한다. 유체의 밀도와 압력의 변화가 전달되는 현상을 소리라고 한다.

파가 전달됩니다. 핵폭발이나 초신성 폭발같이 극단적으로 큰 규모의 폭발에서 생긴 충격파가 통과한 뒤 온도는 충격파의 속도를 통해 대강 계산해 볼 수 있습니다. 우주 공간과 같이 밀도가 낮은 유체를 통해 전달되는 충격파를 그대로 전기밥솥에 들어 있는 물질에 쏘면 바로 가열되지 않지만, 물처럼 밀도가 더 높은 유체에 넣은 물질에 강한 충격파를 쏜다고 해 봅시다. 그럼 지름이 20cm인 전기밥솥일 경우 500만분의 1초 만에 가열되며 이때 온도는 거의 6000만℃에 이릅니다. 이 온도라면 모든 원소의 녹는점과 끓는점을 뛰어넘기 때문에 충격파가 지나자마자 쌀과 물이 다 증발해 버릴 겁니다. 게다가 쌀과 물을 구성하던 원소가 양이온과 전자로 나뉜 플라스마 상태가 된다는 문제가 있습니다.

물론 약한 충격파를 이용하면 솥을 짧은 시간에 고온으로 가열해 밥을 지을 수 있겠지요. 하지만 밥은 뜸을 들여야 맛있습니다. 충격파로 '지은' 밥의 맛은 보장하지 못합니다.

충격파의 발생 구조

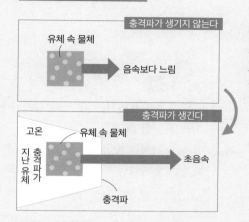

음속보다 빠르면 생긴다

유체 속에 있는 물체가 음속보다 빠르게 이동하면 충격파가 생긴다. 충격파가 지난 다음에는 고온이 된다.

물질의 플라스마 상태란?

고체·액체·기체 다음 제4의 물질 상태

물질은 온도에 따라 고체·액체·기체로 상태가 바뀌며 성질도 달라진다. 기체가 된 물질에 열을 더하면 플라스마라는 상태가 된다. 이 상태에서는 물질을 구성하는 원자 속 전자가 원자핵에서 분리되어 자유롭게 떠다닌다.

결론

충격파로 순식간에 가열할 수 있어요.
하지만 맛은 보장할 수 없어요.

3

달걀을 터트리지 않는 전자레인지를 만들 수 있을까?

> **핵심**
> · 전자레인지는 마이크로파로 수분에 열을 더한다
> · 압력이 높아지면 수분의 끓는점이 높아진다

전자레인지가 음식을 데우는 원리

전자레인지는 음식을 쉽고 빠르게 데울 수 있습니다. 하지만 '전자레인지로 달걀을 데우면 폭발한다'는 것이 상식입니다. 무심코 달걀을 전자레인지로 익히려다 흰자와 노른자 범벅이 된 전자레인지를 본 사람도 있겠지요.

전자레인지로 달걀을 데우면 왜 폭발할까요? 그 답을 전자레인지의 작동 원리에서 찾아봅시다.

전자레인지는 마이크로파❶로 음식을 데웁니다. 전자기파의 일종인 마이크로파는 진동을 일으키는 진공관인 마그네트론으로 만들어져 전자레인지 내부에 방출됩니다.

한편 음식에 있는 물 분자는 산소 원자 쪽에 음전하가, 수소 원자 쪽에 양전하가 몰려 있어요. 그래서 음식에 마이크로파를 쏘면 마이크로파가 만드는 전기장이 물 분자의 방향이 바뀔 만큼 힘을 미칩니다. 마이크로파의 주파수(❷)에 맞춰 전기장의 방향이 바뀌기 때문에 물 분자도 이에 맞춰 진동합니다. 전자레인지에 쓰이는 마이크로파의 주파수는 **2.45GHz**(기가헤르츠)라서, 물 분자가 1초에 24억 5000만 번이나 진동하게 됩니다. 물 분자의 진동이 주변 분자에 어지러운 운동을 일으키고, 이 분자 운동은 열이 됩니다. 바로 이 열로 전자레인지가 음식을 데우지요.

즉 전자레인지는 음식 속 수분에 열을 더해 음식을 데운다고 할 수 있습니다. 랩을 씌우지 않고 가열했을 때 음식에서 수분이 빠져 버리는 것은 마이크로파가 수분만 끓여 증발시키기 때문입니다. 그리고 달걀은 이렇게 마이크로파가 끓인 수분 때문에 폭발합니다.

폭발의 원인은 고온이다

달걀을 넣고 전자레인지를 작동하면 수분이 많은 달걀 내부부터 가열됩니다. 그런데 열을 받아 팽창한 내용물을 껍데기가 가두기 때

키워드 ❶

마이크로파

전자기파의 일종으로서 파장은 1mm에서 1m, 주파수는 1~300GHz 범위에 있다. 전자레인지의 마이크로파는 국제 규격이 2.45GHz로 통일되어 있다.

키워드 ❷

주파수

전자기파 같은 파동이 1초 동안 진동하는 횟수. 단위는 헤르츠($Hz=S^{-1}$)다.

문에 달걀 내부의 압력이 점점 높아집니다.

보통 달걀 속 수분의 끓는점은 100℃지만 압력이 높을 때는 끓는점이 올라가서 100℃를 넘습니다. 즉 전자레인지에 넣은 달걀의 내부에는 100℃를 넘었는데도 액체 상태인 수분이 차게 됩니다. 이때 압력이 높은 상태를 유지하면 좋겠지만 압력을 이기지 못한 껍데기와 막이 깨져 버리면 달걀 내부의 압력이 낮아집니다. 그럼 끓는점도 100℃로 돌아가고, 이보다 온도가 높은 수분은 급격히 기체로 변해 수증기 폭발❸을 일으킵니다. 즉 달걀을 폭발시키지 않으려면 내부 압력을 공기와 같은 1기압보다 낮추는 것이 중요합니다. 하지만 우리가 쓰는 전자레인지는 이를 고려하지 않고 만들어졌어요.

미래의 전자레인지에 달걀이 들어 있는 것을 인식하고 달걀 일부에 구멍을 뚫는 기능이 더해진다면 달걀이 폭발하지 않고 잘 익을지도 모르겠습니다.

키워드 ❸

수증기 폭발

액체나 고체의 물이 급격히 수증기가 되면서 부피가 커져 폭발을 일으키는 현상. 본문의 설명처럼 기압 변화로 일어나는 경우와 고온의 물체에 물이 닿으면서 일어나는 경우가 있다.

물 분자가 열을 내는 구조

물 분자

전기장의 방향

반전

전기장의 방향

마이크로파를 쏜 물 분자의 반전

마이크로파를 쏜 물 분자는 전기장의 방향으로 힘을 받는다. 마이크로파의 주파수에 맞춰 전기장의 방향이 반전되기 때문에 물 분자가 빠르게 진동한다.

물 분자 전하의 몰림

수소가 있는 쪽은 양, 반대쪽은 음이 된다.

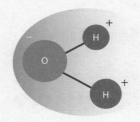

물 분자에는 양전하와 음전하가 있다.

물 분자 속 수소 원자는 양전하를, 산소 원자는 음전하를 갖는다. 그래서 물 분자에서 수소 원자가 몰린 쪽은 양, 그 반대쪽은 음이 된다.

결론

현재의 전자레인지 기능으로는 무리예요. 앞으로 달걀에 구멍 뚫는 기능이 추가된다면 가능할지도 몰라요.

4

초고속으로
음식을 끓이는
압력솥을
만들 수 있을까?

핵심
· 물의 끓는점은 기압에 따라 변한다
· 압력을 높이면 물은 초임계수가
  되고, 탄소는 다이아몬드가 된다

압력솥은 100℃보다
높은 온도에서 조리할 수 있는 도구

압력솥은 일반 냄비보다 빨리 조리할 수 있어서 실제로 부엌에서 많이 쓰지요. 압력솥이 일반 냄비보다 빨리 조리하는 것은 일반 냄비로는 불가능한 고온 조리를 할 수 있기 때문입니다. 압력솥은 열을 빠르게 전달합니다. 물이 1기압(**❶**)일 때 100℃에 끓는데, 일반 냄비로

키워드 ❶

기압

압력을 재는 단위 가운데 하나로 비국제단위다. 1기압은 해면, 즉 해발 0m 지점의 기압으로서 표준대기압이라고도 한다. 압력의 국제단위인 파스칼(Pa)로 나타낼 때 1기압은 101325Pa이며 1013.25hPa(헥토파스칼)이다.

는 이보다 훨씬 높은 온도에서 음식을 익힐 수 없어요. 하지만 액체의 끓는점은 압력에 따라 달라집니다. 기압이 낮아지면 끓는점이 100℃보다 낮아지고, 기압이 높아지면 100℃보다 높아집니다. 기압이 낮은 고지대에서 물을 끓여 조리하려고 할 때 잘 안 되는 것이 바로 물이 100℃가 되기 전에 끓어 버려서 식재료에 필요한 온도를 맞출 수 없기 때문입니다.

일반적으로 압력솥은 내부에 생긴 수증기가 빠져나가지 않게 해서 솥 안을 2.4기압까지 올립니다. 그럼 끓는점이 125℃가 되기 때문에 일반적인 끓는점보다 높은 온도에서 조리하며 조리 시간을 줄일 수 있습니다.

인류가 만들어 낸 최고 기압은?

가정용 압력솥의 한계를 뛰어넘는 압력이라면 더 빨리 조리할 수 있을까요?

지구 내부의 압력 환경을 재현하는 '다이아몬드 앤빌 셀(Diamond anvil cell)'이라는 작은 실험 장치에서는 수백만 기압에 이르는 압력을 만들 수 있습니다. 분명 초고압이니까 초고온으로 조리할 수 있다고 말하고 싶지만, 탄소로 이루어진 식재료는 이런 고온·고압에서 다이아몬드가 되어 버리기 때문에 익혔다고 할 수 없어요. 또 이 장치는 다이아몬드를 쓰기 때문에 크기가 작아서, 배를 채울 만한 양의 음식을 만들 도구로는 적합하지 않습니다.

또 압력솥은 물에 압력을 더해 끓는점을 높이는데, 압력과 온도를 너무 높이면 물 자체의 성질이 변해서 조리에 적합하지 않게 됩니다. 물은 373.95℃와 218기압을 넘으면 초임계수(❷)라고 하는, 액체와 기체 사이의 상태가 됩니다.

그리고 이런 물은 산화력이 강해져서 귀금속까지 부식시킵니다. 이미 일반적인 물이 아니라서 음식을 만들 수 없어요. 하지만 이보다 온도와 압력이 조금 낮은, 아임계수(❷)라는 상태의 물과 고온의 수증기라면 순식간에 열을 더해 조리하는 데 쓸 수 있을지도 모릅니다. 실제로 식품을 가열살균 처리하는 데 아임계수를 씁니다.

단, 이 압력을 가정의 부엌에서 실현하기에는 너무 높은 온도와 폭발 문제 때문에 매우 위험합니다. 또 이렇게 높은 압력을 실현할 수 있는 실험실에서 쓰는 오토클레이브(❸)라는 장치가 냉장고만큼 큰데, 이런 장치를 냄비나 솥 대신 가정에 두기는 어렵겠지요.

키워드 ❷

초임계수·아임계수

물은 임계점(373.95℃, 22.064MPa)을 넘는 온도와 압력하에서는 초임계수라고 불리는, 액체와 기체의 중간 성질을 띤다.

키워드 ❸

오토클레이브

내부를 고압으로 만들 수 있는 밀폐 용기나 실험 장치를 가리킨다. 고압하에서 특수한 화학 반응을 일으키거나 멸균하고, 소재를 성형하는 등 다양하게 이용한다.

압력솥의 구조

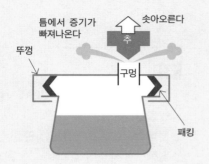

틈에서 증기가
빠져나온다

솟아오른다

추

뚜껑

구멍

패킹

수증기를 내보내 압력을 조절한다

압력솥에서는 압력을 조절하는 기구가 중요하다. 대개 작은 구멍을 추로 막고, 일정한 압력에 이르면 추가 솟아올라 압력을 낮추는 구조로 되어 있다.

다이아몬드 앤빌 셀의 구조

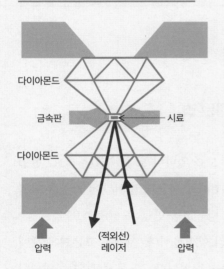

다이아몬드

금속판

시료

다이아몬드

압력

(적외선)
레이저

압력

다이아몬드로 고온·고압을 만든다

바닥을 평평하게 깎은 다이아몬드 두 개 사이에 시료를 끼워 압력을 높일 수 있는 장치. 364만 기압까지 가는 것도 있다. 레이저로 시료를 고온 상태에 둘 수도 있기 때문에 열을 잘 통과시키는 다이아몬드를 쓴다.

결론

초고압 '냄비'는 만들 수 있겠지만
음식과 전혀 어울리지 않아요!

5

냉동고의 온도를 영하 300℃까지 내릴 수 있을까?

차게 한다는 것은 에너지를 밖으로 내보내는 것

서늘하고 차가운 냉동고의 온도를 얼마나 낮출 수 있을까요? 산업용 냉동고의 온도가 영하 60~80℃라고 하는데 순식간에 뭔가를 얼릴 만한 저온, 예컨대 영하 300℃의 냉동고를 만들 수 있을까요?

'차갑게 한다'는 것의 원리부터 살펴봅시다. 이것은 고온의 물체에 있는 높은 열에너지를 내보낸다는 뜻입니다. 즉 물체에 있는 열에너지가 공기 같은 주변 물체로 이동하면서 결과적으로 차가워지는 것입니다. 에너지는 이동할 뿐 전체적으로는 늘거나 줄지 않아요. 이렇게 에너지의 총량이 변하지 않는 것을 에너지 보존 법칙(❶)이라고 합니

30

다. 냉장고가 바로 이 법칙을 이용해 내부를 차갑게 만듭니다. 구체적으로 말하자면 냉매라는 물질이 액체에서 기체로 변할 때, 즉 기화할 때 주변의 열을 빼앗는 성질을 이용합니다. 이와 비슷한 예로 휘발성이 높은 알코올을 피부에 바르면 열을 빼앗긴 피부가 차갑게 느껴지는 것이 잘 알려져 있지요.

기화로 차가워진 냉매는 냉장고 내부에 둘러쳐진 관 속으로 방출되어 냉장고 안의 열을 뺏으면서 밖으로 보냅니다. 그리고 밖으로 나오면 컴프레서가 압력을 더해 냉매가 다시 액체가 되어 기화하며 냉장고 안으로 돌아갑니다.

냉장고 옆면이 뜨거워지는 것은 냉매가 기화할 때와 반대로 액체로 돌아갈 때 열을 내기 때문입니다. 즉 냉장고의 냉매는 냉장고 안의 열에너지를 밖으로 보내는 구실을 합니다.

열에너지의 방출에는 한계가 있다

열에너지는 '보통 고온의 물체에서 저온의 물체로 흐른다'는 법칙이 있는데 이를 열역학제2법칙이라고 합니다. 또 물체가 외부에 열을 주는 능력은 그 물체의 열역학 온도(❷)로 나타내는데, 열역학 온도가

키워드 ❶

에너지 보존 법칙

물체의 열에너지는 형태를 바꾸면서 보존된다. 열도 에너지의 일종이기 때문에, 뜨거웠던 차가 식으면 그만큼 주변 책상이나 공기의 온도가 올라가는 것처럼 장소나 형태를 바꿔 에너지가 보존된다.

31

0인 물체는 열에너지를 내보내지 않으며 더 차가워지지도 않습니다.

그럼 열역학 온도 0은 어떤 상태일까요?

모든 물질이 원자로 이루어져 있다는 사실은 잘 알려졌습니다. 원자는 보통 진동하거나 날아다니는 등 어지럽게 움직이며 이 운동에너지가 열에너지로서 관측됩니다. 예를 들어, 기체의 온도가 올라가면 팽창하는 현상은 원자의 어지러운 운동 속도가 높아져서 부피가 늘어나기 때문입니다. 거꾸로 온도가 낮아지면 원자의 열운동이 작아집니다. 이 열운동이 이론상 0이 되어 원자가 정지하는 온도가 바로 열역학 온도 0입니다. 즉 물질이 이를 수 있는 저온의 한계이며 이 온도를 '절대0도'라고 부릅니다.

그럼 절대0도는 어느 정도의 온도일까요? 답은 **영하 273.15℃**입니다. 즉 영하 300℃가 되기도 전에 한계에 부닥칩니다. 결국 절대0도보다 낮은 온도까지 물체를 냉각할 수는 없기 때문에 영하 300℃의 냉동고는 만들 수 없어요.

키워드 **②**

열역학 온도

일반적으로 쓰는 섭씨는 얼음이 녹는 온도를 0℃, 물이 끓는 온도를 100℃로 정하고 그 사이를 100등분한 것이다. 한편 열역학 온도는 원자의 어지러운 운동이 멈추고 기체의 부피가 0이 되는 온도를 0K(켈빈)이라고 한다.

냉장고의 구조

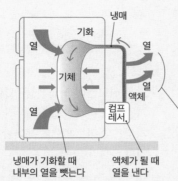

냉매가 기화할 때
내부의 열을 뺏는다

액체가 될 때
열을 낸다

냉매는 냉장고 안의 열을 모아 냉장고 밖으로 보낸다

냉매는 기화할 때 차가워지며 액화할 때 열을 낸다. 냉장고는 이 냉매가 냉장고 안의 열을 뺏어 밖으로 보내게 해서 온도를 낮추는 구조로 되어 있다.

액체인 냉매가 열을 내면서 외부와 같은 온도가 된다(차가워진다).

열역학 온도와 섭씨

온도가 내려갈수록 원자의 움직임이 둔해진다

기체의 부피는 원자의 열운동 에너지에 따라 늘거나 줄어든다. 즉 원자의 열운동이 0이 될 때 기체의 부피는 이론상 0이 된다. 원자의 열운동을 0으로 만드는 온도는 영하 273.15℃이며 이를 절대0도라고 부른다.

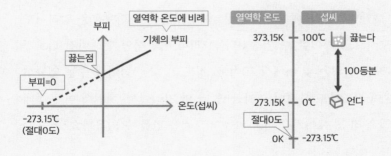

결론

영하 300℃의 냉동고는 만들 수 없어요. 영하 273.15℃가 냉동고의 한계랍니다.

6

리모컨의 작동 범위를 옆 동네까지 넓힐 수 있을까?

핵심

· 많은 리모컨이 적외선을 이용한다
· 지평선이 한계를 정한다
· 지금은 스마트폰으로 제어할 수 있다

적외선 리모컨의 작동 범위는 얼마나 될까?

텔레비전이나 에어컨과 같은 우리 주변의 가전제품을 멀리서도 리모컨으로 제어할 수 있습니다. 그러나 일반적인 텔레비전 리모컨의 작동 범위는 몇 m에서 10여 m 정도고, 벽을 넘어설 수는 없습니다. 이 정도라도 불편이 없지만 좀 더 먼 거리에서, 예컨대 이웃 동네에서 우리 집 에어컨을 켜고 끄는 리모컨을 만들 수 있을까요?

키워드 ①

적외선

인간의 눈으로 인식할 수 없는 긴 파장의 광선. 인체 정도의 온도를 갖는 물체에서 나오는 것이 대개 적외선이기 때문에 이를 흡수해서 온도를 측정하기도 한다. 전파는 적외선보다 파장이 긴 전자기파다.

우리가 쓰는 리모컨은 대개 눈으로 볼 수 없는 빛인 적외선(❶)을 이용해 무선통신을 합니다. 리모컨과 수신부 사이에 장애물이 있으면 통과할 수 없어요. 또 떨어진 거리만큼 강한 적외선 신호를 보내지는 않기 때문에 어느 정도 멀어지면 신호가 닿지 않지요.

따라서 더 강력한 적외선 신호를 보낼 수 있는 리모컨을 만들면 작동 범위를 넓힐 수 있고, 장애물이 없으면 집 밖에 둔 텔레비전도 제어할 수 있습니다. 단, 너무 멀어지면 지구 자체가 장애물이 됩니다. 지평선이 한계를 정하거든요. 지상 1.5m 높이에 수신부가 있다면 거기에서 보이는 지평선까지의 거리는 4.4km입니다. 리모컨의 높이도 1.5m로 했을 때 9km 멀어지면 지평선 아래로 가려지기 때문에 아무리 강력한 리모컨이라도 조작할 수 없습니다.

그럼 지면을 뚫고 갈 수 있는 것으로 통신하면 어떨까요?

예를 들어, 중성미자(❷)라는 소립자가 있습니다. 중성미자는 주변 소립자와 잘 반응하지 않아 대부분의 물질을 뚫기 때문에 지평선 너머에 닿을 수 있어요. 중성미자로 통신하는 리모컨이라면 옆 마을뿐만 아니라 지구상 어디에서든 텔레비전이나 에어컨을 제어할 수 있습니다.

다만 중성미자는 관측조차 매우 어려운 물질이라서 수신부가 엄청나게 커진다는 문제가 있습니다. 두께가 1광년, 거의 10조km나 되

키워드 ❷

중성미자

소립자의 일종으로 다른 소립자와 상호작용을 거의 하지 않기 때문에 많은 물질을 투과하는 성질이 있다. 일본 기후현 히다시의 가미오카 광산에 있는 중성미자 검출 실험 연구소인 슈퍼 가미오칸데에서는 불순물이 거의 없는 물 수만 톤을 이용해 중성미자가 충돌하는 모습을 관측한다.

는 납 벽이 있어도 중성미자의 절반 정도는 이를 관통하기 때문에 최소한 이만 한 규모가 필요합니다.

전파식 리모컨도 있지만…

그런데 가전제품 회사가 중성미자를 쓰지 않아도 되는 기술을 발명했어요. 그 좋은 예가 와이파이(Wi-Fi)나 블루투스(Bluetooth)같이 무선통신 기술을 이용한 RF(무선주파수) 전파식 리모컨입니다.

일반적인 벽이나 나무 등 부도체의 경우, 전파는 적외선보다 투과력이 크기 때문에 전파가 충분히 강하다면 집 밖에서 집 안의 가전을 제어할 수도 있을 겁니다. 전파는 장애물을 돌아 지나가서 지평선도 문제가 되지 않지만, 전파의 세기가 전파법의 제한을 받으며 적외선 리모컨의 성능이 충분하기 때문에 이 방법은 그다지 보급되어 있지 않습니다. 또한 투과력이 약한 적외선을 쓰는 이유 중 하나는 리모컨의 제어 범위를 가정 내로 제한하는 데 있습니다. 몇 km 떨어진 데서도 기기를 제어하는 리모컨을 쓰면 동네에 큰 혼란이 일어나겠지요.

지금까지 여러 가지를 생각해 봤는데, 인터넷 기술의 발전이 이런 생각을 다 쓸모없게 만들었습니다. 이제 외출 중에도 스마트폰으로 집 안의 에어컨이나 보일러를 작동하는 세상입니다. 넓은 의미에서 스마트폰이 리모컨이라고 할 수 있겠네요.

적외선이 닿는 거리

먼 거리의 광선은 '지평선'에 가로막힌다

지구의 둘레를 4만 km라고 할 때, 1.5m 높이에서 보이는 지평선은 4.4km 앞 지면이다. 적외선이 장애물이 없이 직진할 수 있다고 해도 8.8km 이상 떨어진 지면에는 닿지 않는다.

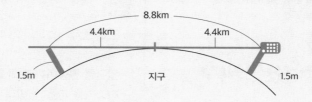

8.8km
4.4km   4.4km
1.5m   지구   1.5m

중성미자 관측 장치 '슈퍼 가미오칸데'의 구조

모든 것을 투과하는 중성미자

중성미자는 소립자 중에서도 상호작용이 약해 관측하기가 매우 어렵다. 그래서 그림처럼 거대한 시설을 이용해 관측해야 한다.

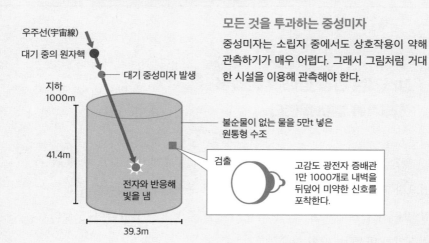

우주선(宇宙線)
대기 중의 원자핵
대기 중성미자 발생
지하
1000m
41.4m
전자와 반응해
빛을 냄
39.3m
불순물이 없는 물을 5만t 넣은
원통형 수조
검출
고감도 광전자 증배관
1만 1000개로 내벽을
뒤덮어 미약한 신호를
포착한다.

결론

만들 수 없지는 않아도 기술적 한계가 있어요. 이제 스마트폰이 리모컨을 대신하는 시대예요.

7

진공청소기의 흡입력을 얼마나 높일 수 있을까?

핵심

- 진공은 대기압보다 기압이 낮은 상태
- 완전한 진공이라면 최고 성능의 청소기를 만들 수 있다

청소기는 진공 상태를 만들어 쓰레기를 빨아들인다

청소기는 바닥에 흩어져 있는 먼지나 작은 쓰레기를 모으는 데 꼭 필요한 가전제품입니다. 하지만 청소기가 물체를 빨아들이는 원리는 잘 알려져 있지 않아요. 그 원리를 안다면 '무엇이든 빨아들이는' 꿈의 청소기를 만들 수 있지 않을까요?

키워드 ❶

대기압

기체는 주변 물체를 늘 밀려고 하는 성질이 있는데, 이를 대기압 또는 기압이라고 하며 기체가 있는 곳이라면 모든 물체에 이 힘이 작용한다. 지상의 인간이나 사물이 이 기압에 찌부러지지 않는 것은 그 내부에서도 비슷한 힘으로 밀고 있기 때문이다.

청소기의 원리부터 생각해 봅시다.

청소기 안에는 모터와 팬이 있습니다. 모터로 팬을 돌려 환풍기처럼 청소기 안의 공기를 밖으로 보냅니다. 그러면 청소기 안은 상대적으로 진공이라고 할 수 있는 상태가 되며 흡입구 가까이에 있는 먼지와 쓰레기가 대기압(❶)에 밀려 청소기로 빨려 들어갑니다.

이때 청소기가 공기도 빨아들이는데, 이 공기는 팬이 돌면서 점점 밖으로 보내집니다. 그래서 청소기가 쓰레기를 계속 빨아들일 수 있어요.

그런데 진공은 어떤 상태일까요? 진공이 공기가 없는 상태라는 것은 잘 알려져 있는데, 진공 상태를 만들면 어떻게 청소기가 주변 물체를 빨아들이게 될까요? 그 답은 대기압에 있습니다.

대기압이란 문자 그대로 대기, 즉 우리 주변에 있는 공기의 압력입니다. **1cm²에 1kg**의 대기압이 더해지는데, 이 힘이 어느 정도인지 상상하기는 어렵습니다. 쉬운 예로 집에서 쓰는 빨판이 있어요. 벽 같은 곳에 빨판을 대고 누르면 그 안쪽 공기가 바깥으로 빠져 진공이 되면서 찰싹 달라붙지요.

이 힘이 얼마나 센지를 조사한 마그데부르크의 반구(❷)라는 실험에서는 지름이 40cm쯤 되는 반구 두 개를 맞붙이고 그 내부를 진공으로 만들었는데, 이 두 반구를 떼는 데 거의 16hp(마력)이 필요했다

키워드 ❷

마그데부르크 반구

1654년 독일에서 당시 마그데부르크 시장이던 오토 폰 게리케가 한 실험. 금속으로 만든 반구 두 개 사이에 가죽으로 만든 패킹을 끼우고 그 안의 공기를 빼서 대기압을 증명했다.

고 합니다. 그 뒤에도 연구가 이어져서 오늘날 청소기에 그 원리가 응용되고 있어요.

진공에 따른 힘의 한계는?

청소기가 진공의 힘을 이용해 쓰레기를 모은다는 사실, 진공에는 강한 힘이 있다는 사실을 알았습니다. 그럼 청소기의 성능을 얼마나 높일 수 있을까요? 그 답은 진공을 '구분'하는 데 있습니다.

점보제트기가 비행하는 고도의 대기나 흔히 볼 수 있는 진공팩 속은 '저진공'이라고 불리는 상태로서 지표면 공기의 10%에 해당하는 공기가 있습니다. 그리고 건축재로 쓰이는 진공 단열판 속은 '중진공'이라고 불리는 상태입니다. '고진공', '초고진공', '극고진공'으로 갈수록 공기의 양이 줄어들겠지요. 완전한 진공은 기체 분자가 하나도 없는, 기압 0인 상태입니다. 하지만 이런 상태는 우주에도 존재하지 않아요.

현재 기압이 0인 상태를 만들 수는 없지만, 만약 청소기 안을 완전한 진공 상태로 만든다면 청소기의 최고 성능을 볼 수 있을 겁니다. 계산상으로는 흡입구 끝을 마그데부르크 반구같이 지름 40cm로 만들 경우 빨아들이는 힘이 무려 1만N(뉴턴)을 넘어 거의 1.3tf(톤포스), 즉 1.3t의 물질이 받는 중력과 맞먹게 됩니다. 그럼 가벼운 자동차 정도는 빨아들일 수 있겠네요!

대기압의 힘

청소기의 구조

청소기는 모터가 팬을 돌리며 공기를 밖으로 빼서 내부를 진공 상태에 가깝게 만든다. 이에 따라 청소기 흡입구 주변의 먼지나 쓰레기가 대기압에 밀려 공기와 함께 빨려 들어간다.

흡입구

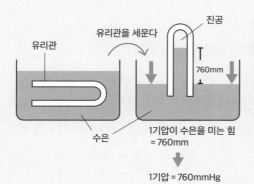

팬

모터

빨아들인다

공기(배출)

진공 상태

유리관을 세운다

진공

유리관

760mm

수은

1기압이 수은을 미는 힘
= 760mm

1기압 = 760mmHg

오래전에 대기압을 측정한 방식

수은(Hg)을 채운 유리관을 수은 위에 세우면 대기압의 힘으로 진공 상태에 760mm의 수은기둥을 세울 수 있었기 때문에, 예전에는 기압을 mmHg(수은주밀리미터)로 나타냈다.

> 결론
>
> ## 청소기 내부를 완벽한 진공 상태로 만들면 경차 한 대를 빨아들일 수도 있어요.

8

걸으면서 무선 충전을 할 수 있을까?

핵심

• 이미 세 가지 무선 충전 방법이 실현되었다
• 일부가 보급되었지만 이동하면서 충전하기는 어렵다

무선 충전 기술이 벌써 실현되었다고?

현대인에게 편리하고 꼭 필요한 전자 제품인 스마트폰의 배터리가 방전되었을 때 바로 충전할 수 없으면 매우 난처합니다. 거리를 걸으면서 전자 제품을 무선 충전하는 꿈같은 기술에 대해 생각해 볼까요? 바로 무선 송전이라는 기술입니다.

현재 무선 충전 방법은 세 가지가 있습니다. 자기유도(❶)를 이용

키워드 ❶

자기유도
전선을 감은 코일 속 자기장이 변하면 그 코일에 전압이 생기는 현상. 이때 생긴 전압은 외부 자기장의 변화를 없애는 쪽으로 향한다.

하는 방법, 자기공명(❷)을 이용하는 방법, 마이크로파(❸)를 이용하는 방법입니다.

자기유도 방식은 이미 실용화되어 일반 가정에도 보급되었습니다. 이 방식은 전기를 보내는 쪽의 코일에 전류를 변화시켜 자기장을 시간에 따라 변하게 하면 그에 따라 전기를 받는 쪽의 코일에도 변화하는 전류가 생기는 현상을 이용합니다. 단자나 콘센트가 표면에 나와 있지 않아서 이미 전동 칫솔이나 전기면도기 같은 제품에 많이 쓰입니다.

하지만 자기유도로 전기를 보낼 경우 전기를 보내는 쪽의 코일과 받는 쪽의 코일이 가까운 거리에서 겹쳐져야 합니다. 따라서 길을 걸으며 충전하기는 어렵겠지요.

왜 자기유도 방식만 쓰일까?

자기공명과 마이크로파를 이용하는 무선 충전 방식이 아직 널리 쓰이지 않는 이유에 대해 생각해 봅시다. 자기공명은 자기유도와 원리가 같은데, 전기를 보내는 쪽의 코일과 받는 쪽 코일의 공진주파수를 맞추고 코일 간 공명을 일으켜서 송전 효율을 높입니다. 수십, 수

키워드 ❷

자기공명
공진주파수가 같은 코일 두 개를 놓고 한쪽 코일에 교류를 흘려서 자기유도로 전력을 보낸다. 공명이라서 효율이 좋은 것이 특징이다.

키워드 ❸

마이크로파
통신, 전자레인지, 레이더 등에 쓰이는 전자기파. 파장이 1mm 이상인 전자기파를 전파라고 하는데, 그중에서도 파장이 1mm~1m 정도인 것을 마이크로파라고 한다.

백 cm 떨어져 있어도 충전할 수 있기 때문에 지하철역의 벽 같은 데 코일을 묻어 두고 이용해도 될 것 같습니다.

하지만 자기공명 충전은 코일의 위치가 어긋나면 송전 효율이 급격히 떨어지는 단점이 있습니다. 그러니 길을 걸으면서 충전하기에는 알맞지 않아요.

그럼 마이크로파를 이용한 충전은 어떨까요? 통신에도 쓰이는 전자파인 마이크로파는 큰 전력을 더 먼 곳까지 보낼 수 있을 것으로 기대됩니다. 전기를 보내는 쪽에서 전기에너지를 마이크로파로 바꿔 보내면 이것을 받는 쪽에서 마이크로파를 전력으로 바꿔 충전할 수 있는 방식입니다. 이대로라면 걸으면서 충전할 수 있을 것 같습니다. 그런데 문제가 있어요. 그 가운데 하나가 안전성입니다.

마이크로파는 전자레인지로 식품을 데울 때 쓰는 전자기파인 만큼 행여 새가 마이크로파에 닿으면 가열되고 맙니다. 새가 아니라 인간이라면, 생각만 해도 섬뜩하지요.

이렇게 무선 충전 기술이 있어도 '길을 걸으면서 휴대전화를 자동 충전하는' 날이 오려면 안전 문제부터 풀려야 되겠습니다.

자기유도와 자기공명을 이용한 충전

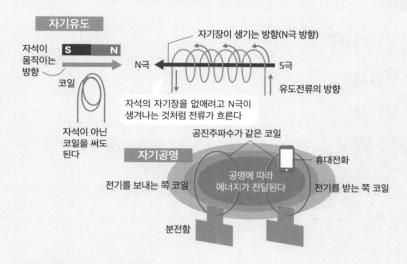

자기유도

자석이 움직이는 방향
S N

코일

자석이 아닌 코일을 써도 된다

자기장이 생기는 방향(N극 방향)

N극 S극

유도전류의 방향

자석의 자기장을 없애려고 N극이 생겨나는 것처럼 전류가 흐른다

자기공명

공진주파수가 같은 코일

휴대전화

공명에 따라 에너지가 전달된다

전기를 보내는 쪽 코일   전기를 받는 쪽 코일

분전함

전자기파를 이용하는 구조

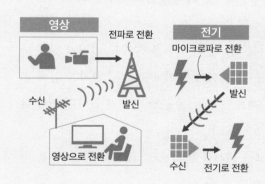

영상

전파로 전환

수신   발신

영상으로 전환

전기

마이크로파로 전환

발신

수신   전기로 전환

영상과 전기의 무선 전송
'텔레비전을 비롯한 영상 송신 시스템'과 '마이크로파 송전'이 모두 전파를 이용한다.

결론

무선 충전은 이미 실현되었어요. 걸으면서 충전하려면 안전 문제부터 해결해야 합니다.

9

건전지의 수명이 무한할 수 있을까?

핵심
- 다양한 전지가 있다
- 수소는 가장 효율적인 전지의 소재다

전지의 바탕이 되는 에너지가 있다

전자 제품을 작동하려고 리모컨의 버튼을 눌러도 켜지지 않을 때가 있습니다. 이때 전지를 바꿔 끼기가 귀찮습니다. 전지가 집에 없으면 나가서 사 와야 하니까요. 수명이 무한한 전지가 있다면 편할 텐데, 그런 전지를 만들 수 있을까요?

결론부터 말하자면, 그런 전지를 만들 수는 없습니다. 크게 볼 때

> **키워드 ❶**
>
> 화학전지
>
> 화학반응에 따른 에너지 변화에서 전기에너지를 만드는 전지. 한 번 쓰고 버리는 1차 전지, 충전해서 다시 쓰는 2차 전지, 연료와 산화제의 화학적 반응으로 전기를 만드는 연료전지 등이 있다.

전지는 (축전지를 포함한) 화학전지(❶)와 물리전지(❷)로 나뉩니다. 화학전지는 화학반응을 일으키며 원자에서 전자를 꺼내 전기를 만들고, 물리전지는 열과 같은 에너지를 전기로 바꿉니다. 그래서 바탕이 되는 에너지가 없어지면 전지의 수명도 끝납니다. 세상에 유한하지 않은 에너지는 없어요.

가장 효율적인 전지는 며칠이나 갈까?

그럼 '수명이 무한한 건전지'는 포기하기로 하고, '가장 효율적인 건전지'의 수명은 과연 얼마나 될지 생각해 봅시다. 앞서 말한 분류에 따르면, 건전지는 화학반응으로 전기를 만드는 화학전지입니다. 화학전지의 종류가 아주 많은데, 원자에서 전자를 꺼내 전기로 쓴다는 것은 공통적입니다. 따라서 전자를 방출하는 데 이르는 과정을 빼고 보면, 질량당 만들어 내는 전기의 양이 많은 원자를 재료로 삼을 때 '가장 효율적인 건전지'를 만들 수 있습니다. 질량당 만들 수 있는 전기의 양이 가장 많은 원자가 수소라서, 이제 수소의 전하로 전기에너지를 만드는 전지를 가정하고 분석해 보겠습니다.

일반적으로 AA전지 하나의 무게가 25g 정도입니다. '가장 효율적

키워드 ❷

물리전지
태양광 발전처럼 빛이나 열의 에너지를 전기에너지로 바꾸는 전지.

인 건전지'가 전부 수소로 이루어진다고 가정할 때 이 전지의 수소 원자 수는 전지의 무게를 수소 원자 하나당 질량으로 나누어 구할 수 있습니다. 결국 '가장 효율적인 전지'에는 수소가 약 **7.5×10²⁴개 포함됩니다.** 그리고 전지는 전자라는 작은 알갱이가 흐르면서 생깁니다. 수소 원자 하나에는 전자 하나가 포함되어 있어서 '가장 효율적인 전지'는 전자 약 $7.5×10^{24}$개 분량의 전기를 만들어 낼 수 있습니다.

전자 하나에 있는 전기의 양을 전기소량(電氣素量)(❸)이라고 합니다. 1A(암페어)의 전류가 1초(s)에 운반하는 전기의 양을 1C(쿨롬)이라고 하는데, '가장 효율적인 전지'에 포함되는 전자의 수와 전기소량에서 '가장 효율적인 전지'에 포함되는 전기의 양을 계산하면 120만C이 됩니다.

이 전기의 양은 일반적인 전지에 비해 얼마나 클까요? 보통 AA알칼리전지에는 2A로 한 시간 동안 흐르는 정도의 전기에너지가 있습니다. 1C이 1A로 1초 동안 흐르는 전기의 양이므로 120만C의 '가장 효율적인 전지'는 2A로 60만 초, 즉 167시간 정도 흐르는 전기에너지를 갖습니다. 그럼 아무리 효율적인 건전지를 만든다고 해도 같은 크기, 같은 전압이라면 일반적인 알칼리전지보다 167배 정도의 수명이 한계입니다.

키워드 ❸

전기소량

전자 전하의 절댓값. 기호 e로 나타낸다. e=1.60217662×10⁻¹⁹C. 전자의 전하는 -e, 양자의 전하는 +e와 같다.

다양한 화학전지

용도가 제각각이다

화학전지는 화학반응을 일으켜 전기를 만든다. 일반적으로 전지라고 하면 한 번 쓰고 버리는 1차 전지를 뜻하는데, 충전 가능한 2차 전지와 외부에서 연료를 받아 전기를 만드는 연료전지가 있다.

	화학 전지		
	1차 전지	2차 전지	연료 전지
특징	1회용 전지	방전 후에 충전해서 다시 쓸 수 있는 전지	어떤 연료를 사용해서 전력을 만드는 전지
예	• 망가니즈건전지 • 알칼리건전지 • 니켈망가니즈전지 • 산화은전지 • 리튬전지 • 아연탄소전지 등	• 납축전지 • 리튬이온전지 • 니켈수소전지 • 니켈카드뮴축전지 • 나트륨유황전지 • 바나듐전지 등	• 고체산화물형 • 인산형 • 고체고분자형 • 알칼리 전해질형 • 용융탄산염형 등 연료: 에탄올, 수소, 탄화수소(천연가스 등)

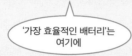

'가장 효율적인 배터리'는 여기에

쿨롬과 암페어의 관계

$$1C = 1A \times s$$
$$1A = \frac{1C}{s}$$

쿨롬은 전기 전하량의 단위다. 1초 동안 1A의 전류로 운반되는 전하가 1C이다.

결론

**전지의 수명이 무한할 수는 없어요.
아무리 효율적이라도
알칼리전지의 167배를 넘지는 못해요.**

단위 표1

질량, 면적, 시간의 단위가 아래와 같다.
※녹색으로 나타낸 단위는 비국제단위다.

질량의 단위

	이름	기호	환산
가벼움	펨토그램	fg	$1fg = 10^{-15}g$
	피코그램	pg	$1pg = 10^{-12}g$
	나노그램	ng	$1ng = 10^{-9}g$
	마이크로그램	μg	$1μg = 10^{-6}g$
	밀리그램	mg	$1mg = 10^{-3}g$
	그레인	gr	1gr=64.79891mg
	캐럿	ct,car	1ct=200mg
	그램	g	
	킬로그램	kg	$1kg = 10^{3}g$
무거움	톤	t	$1t=10^{6}g$

면적의 단위

	이름	기호	환산
좁음	제곱밀리미터	mm^2	$1mm^2=10^{-6}m^2$
	제곱센티미터	cm^2	$1cm^2=10^{-4}m^2$
	제곱미터	m^2	
	아르	a	$1a=10^2m^2$
	헥타르	ha	$1ha=10^4m^2$
넓음	제곱킬로미터	km^2	$1km^2=10^6m^2$

시간의 단위

	이름	기호	환산
짧음	펨토초	fs	$1fs=10^{-15}s$
	피코초	ps	$1ps=10^{-12}s$
	나노초	ns	$1ns=10^{-9}s$
	마이크로초	μs	$1μs=10^{-6}s$
	밀리초	ms	$1ms=10^{-3}s$
	초	s	
	분	min	1min=60s
	시간	h	1h=3600s
김	일	d	1d=86400s

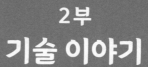

2부
기술 이야기

자동차와 조명을 발명하면서 인류가 크게 진보했다. 과학의 발전에 따라 우리 생활이 얼마나 더 풍요로워질 수 있을지 알아보자!

도쿄와 오사카 사이를 5분 만에 이동하는 철도를 낼 수 있을까?

핵심
· 중간 지점에서 감속해야 한다
· 열차나 비행기가 실제로 가속하는 시간은 짧다

도쿄와 오사카 사이를 고속으로 이동하려면

오래전부터 일본에서는 2대 도시인 도쿄와 오사카 사이를 더 빠르게 이동할 수 있도록 기술이 발전되었습니다. 도카이도 본선이 개통된 1889년에는 스무 시간이 걸렸지만, 1964년에 도카이도 신칸센 '히카리'가 개통되어 네 시간, 1992년에 '노조미'가 등장해 두 시간 30분이 걸리게 되었으며 30년이 지난 지금까지 열차로 이동하는 데 이

키워드 ①

리니어모터카

리니어(linear), 즉 직선으로 늘어놓은 자석의 자력을 이용해 구동하는 열차. 자력으로 차체를 띄우고 바퀴의 마찰을 없애는 자기부상식이 많이 알려졌는데, 도쿄 도에이지하철 오에도선 같은 차륜지지식 리니어모터카도 실용화되었다.

정도 시간은 걸립니다.

열차와 비행기를 비교할 때가 많은데, 도쿄와 오사카를 잇는 비행 시간은 대개 한 시간 15분입니다. 속도만 보면 시속 320km지만 탑승 전 대기와 수속 시간 같은 것을 포함하면 비행기로 이동할 경우 아무리 짧아도 두 시간이 넘게 걸립니다.

'5분 만에 도착할 수는 없나?' 하고 생각할 수도 있겠지요. 실제로 도쿄와 오사카 사이를 5분 만에 이동하는 게 가능할까요?

도쿄에서 오사카에 이르는 거리를 400km라고 하고 마찰과 공기저항이 없다고 해 봅시다. 그럼 자기부상식 리니어모터카**❶**를 이용해서 도쿄와 오사카를 직선으로 연결하는 튜브 모양 터널을 내고 그 안의 공기를 빼 진공으로 만들어서 마찰과 공기저항이 없는 상태를 실현할 수 있습니다.

그러고 나서 $1g$(지)**❷**의 가속도로 등가속도운동**❸**을 이어 가면 400km 거리를 4분 45초 정도에 달릴 수 있습니다. 단, 이제부터 아래쪽으로 작용하는 중력을 무시합니다.

키워드 ❷

$1g$(지)

가속도의 비국제단위. 지표면의 중력가속도 9.8m/s²를 단위로 하며 35.28km/h/s와 같다.

키워드 ❸

등가속도운동

중력만 작용하는 자유낙하와 같이 가속도가 일정한 운동. 처음 속도가 0으로 가속도의 방향과 일치하면 직선운동이 되고, 이 둘이 달라지면 포물선을 그리는 운동이 된다.

몇 분의 가속으로 엄청난 속도를 낸다

1g라는 가속도에 깜짝 놀랐을지도 모르겠습니다. 가속도 1g는 시속 100km를 내는 데 2.8초가 걸리는 속도입니다. 분명 빠르지만, 현재 스포츠카를 비롯해 이보다 더한 가속을 내는 이동 수단이 많습니다. 따라서 '마찰과 공기저항이 거의 없이' 계속 가속할 수 있는 터널만 있다면, 지금 기술로도 도쿄 오사카 구간을 5분 안에 이동할 수 있습니다. 다만 이 계산대로라면 도착할 때 속도가 시속 1만km를 넘기 때문에 승객이 역에서 내릴 수 없겠지요.

도착한 뒤 승객을 열차에서 내려 주려면 도쿄 오사카 구간 중간 지점에서 감속을 시작해야 합니다. 1g로 가속을 시작하고 중간 지점에서 마이너스 1g로 감속하면 총 6분 45초 만에 도쿄 오사카 구간을 이동할 수 있습니다. 꼭 5분 만에 도착해야겠다면 최고 속도를 시속 9600km로 조정하고, 1.8g의 가속과 감속이 필요합니다.

이렇게 '같은 가속도로 계속 가속'하면 상상보다 훨씬 빠른 속도를 냅니다. 앞에 말한 고속열차 '노조미'도 도쿄에서 시동을 걸 때부터 400초 동안 가속을 이어 가면 시속 1000km를 넘어 약 19분 만에 오사카에 도착합니다.

여기에서 열차나 비행기, 자동차 등 많은 이동 수단이 가속하는 시간은 수십 초뿐이라는 걸 알 수 있습니다. 그 밖의 시간은 대개 등속직선운동을 하게 조종합니다. 승객의 안전과 승차감을 지키려는 것이지요. 안전을 위한 기술이 발전하면 가속도도 커질 테니까 좀 더 기다려 봅시다.

도쿄 오사카 구간의 이동 시간

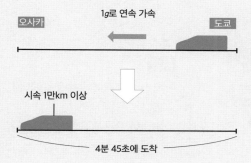

오사카   1g로 연속 가속   도쿄

시속 1만km 이상

4분 45초에 도착

계속 가속하면 5분 안에 도착

1g로 가속을 이어 가면 5분 만에 오사카에 도착하지만 승객이 내릴 수 없다. 롤러코스터를 탈 때처럼 나이와 체격, 소지품을 제한해야 할 것이다.

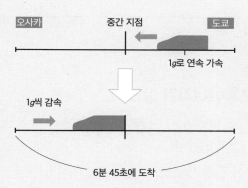

오사카   중간 지점   도쿄

1g로 연속 가속

1g씩 감속

6분 45초에 도착

감속 거리도 고려한 경우

승객이 내리려면 도착지에서 속도가 0이 되게 해야 한다. 급제동이라는 방법도 있지만, 승객에게 부담이 크고 효율도 떨어진다.

결론

마찰과 공기저항이 없는 터널이 있다면 10분 안에 이동할 수 있어요.

2

충돌 사고가 일어나도 운전자가 다치지 않는 차를 만들 수 있을까?

핵심

· 차와 탑승자에게는 운동에너지가 있다
· 인체의 운동에너지가 인체를 변형하는 데 쓰여 상처가 생긴다

사고가 일어날 때 운동에너지가 바뀐다

매일 어딘가에서 교통사고가 일어납니다. 자동차가 빠른 속도로 무언가에 부딪쳤을 때 탑승자를 지키는 장치 중 하나인 에어백은 어떤 원리에 따라 작동할까요? 그 원리를 응용하면 어떤 사고가 일어나도 절대로 다치지 않는 에어백을 만들 수 있지 않을까요?

사고가 일어나서 급정지할 때 주행 중인 차와 탑승자의 운동에너

키워드 ❶

운동에너지

움직이는 물체의 에너지. 물체의 질량을 m, 속도를 v라고 할 때 운동에너지는 $\frac{1}{2}mv^2$이다. 에너지란 일을 하는 능력으로서 단위는 J(줄)이다. 1J=1N·m=1kg·$\frac{m^2}{s^2}$

지(❶)는 '충돌음', '차체 변형', '도로 마찰열', '인체 변형' 등 다양한 에 너지로 바뀝니다. 그리고 이 가운데 '인체 변형'을 에어백이 흡수해 줍니다.

차체가 충격을 받으면 가스 발생 장치 속 화약에 불이 붙으면서 순식간에 에어백이 부풀어 올라 탑승자의 충격을 받으며 탄성을 보입니다. 이 과정이 다 일어나는 시간은 겨우 0.1초 정도예요. 충격에 따라 탑승자의 운동에너지를 흡수해 부상을 막는 구조입니다. 이때 에어백은 어느 정도의 운동에너지를 받아 낼까요?

일정한 질량(m)의 차가 속도(v)를 붙여 주행할 때 운동에너지는 $\frac{1}{2}mv^2$입니다. 예컨대 차의 속도가 시속 55km, 즉 초속 15.3m일 때 탑승자 머리의 질량을 7kg이라고 가정할 경우 머리의 운동에너지는 $\frac{1}{2}mv^2$=820J(줄)이 됩니다.

그런데 충돌이 일어나면 차가 약 0.1초 만에 갑자기 서면서 차체가 변형됩니다. 이때 속도를 줄인다고 해도 운전자의 머리는 전방으로 운동을 계속하다 에어백에 부딪히고 나서야 속도를 줄이고 멈춰요. 지금까지 일어난 사고를 통해 머리에 5000N 이상의 힘(❷)이 더해지면 골격 부상이 일어난다는 사실이 알려졌습니다. 그러니 머리에 더해지는 힘을 이보다 적게 하려면 에어백이 머리의 충격을 흡수하면서 15cm 넘게 오그라들어야 합니다.

키워드 ❷

힘

뉴턴의 운동 제2법칙에 따르면 힘은 질량과 가속도의 곱과 같다. 질량 m인 물체를 가속도 a로 가속하는 힘(f)을 나타내는 공식은 $f=ma$다.

속도가 올라갈수록 에어백도 커져야 한다

그럼 성능 좋은 스포츠카가 낼 수 있는 시속 250km, 즉 초속 69.4m로 충돌해도 안전한 자동차는 어때야 할까요? 에어백이 7kg의 머리를 5000N의 힘으로 멈춘다고 할 때 가속도는 714m/s², 즉 중력 가속도(9.8m/s²)의 70배쯤 되며 이 정도라면 두개골 골절을 피할 수 있습니다. 그리고 이때 에어백은 머리가 앞으로 가지 못하게 충격을 흡수하면서 1m는 오그라들어야 합니다.

에어백이 오그라드는 동안에도 머리는 5m쯤 앞으로 가면서 속도를 줄이는데, 이때 차체가 충돌로 찌그러지면서 감속운동에 필요한 이동 거리를 만들어 줍니다. 보통 자동차는 사고가 났을 때 차체가 찌그러지면서 충격을 흡수하도록 설계되기 때문에 문제는 없을 겁니다.

결국 1m 오그라드는 에어백을 장착하고 충돌할 때 차체가 5m 찌그러지는 자동차라면 시속 250km로 충돌해도 운전자의 부상이 없겠네요. 하지만 운전석에서 핸들까지 1.5m, 핸들에서 앞 범퍼까지는 찌그러지는 5m를 포함해 10m 정도 되어야 하니 차가 엄청나게 커야 할 것 같습니다.

차의 운동에너지가 바뀐다

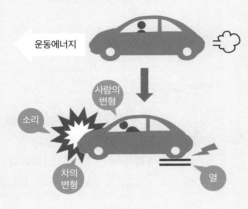

운동에너지

사람의 변형

소리

차의 변형

열

에어백은 사고 충격의 일부만 흡수한다

주행 중인 차에 있던 운동에너지는 '소리', '차체 변형', '열', '인체 변형' 등으로 다양하게 바뀐다.

에어백의 기능

부풀어 오른 에어백 속의 가스가 충격을 바꿔 흡수한다

사람의 충격을 받은 에어백이 눌리면서 기체를 배출할 때 인체의 운동에너지를 기체의 운동에너지와 열로 바꾼다.

기체 배출

에어백이 사람의 충격을 받는다

에어백이 충격을 받아 오그라든다

결론

엄청나게 큰 에어백을 장착한
엄청나게 큰 차라면 운전자가
절대로 다치지 않을 수도 있어요.

3

엘리베이터가 순식간에 350m까지 올라갈 수 있을까?

핵심

· 짧은 시간에 극도로 빠른 속도를 내려면 큰 가속도가 필요하다
· 가속한 뒤에는 감속도 필요하다

전망대까지 순식간에 올라가고 싶다!

세계에서 가장 높은 전파탑인 도쿄 스카이트리의 높이가 634m입니다. 350m 높이에 있는 전망대에 올라갈 때 이용하는 엘리베이터도 일본에서 가장 빠르다는 사실을 알고 있나요?

이 엘리베이터의 최고 속도는 시속 36km로, 거의 50초 만에 350m까지 올라갑니다. 이것은 실제로 상당한 속도라서, 최대 40명인 승객에게 불쾌감이나 부담을 주지 않도록 가속도를 조정해서 상승합니다. 이런 배려 없이 엘리베이터를 가능한 한 빠르게 움직일 경우, 어느 정도의 속도로 올라갈 수 있을까요? 물론 승객을 무사히 위층까지 데려가지 못한다면 엘리베이터로 쓰일 수 없습니다. 승객이 살아

서 목적지까지 도착하는 것이 절대 조건입니다.

그럼 인간이 가속을 얼마큼 견딜 수 있는지를 알아봅시다.

인간이 목숨을 걸고 가속을 견디는 상황으로 유인 로켓 발사나 전투기의 선회 같은 경우가 있습니다. 특히 로켓 발사가 위쪽으로 가속하기 때문에 엘리베이터가 올라갈 때와 아주 비슷하다고 할 수 있겠지요.

가속 정도는 가속도로 나타냅니다. 가속도는 시간당 속도가 얼마나 빨라졌는가를 말합니다. 예를 들어, 높은 데서 뛰어내릴 경우 일정한 중력이 작용하기 때문에 9.8m/s라는 속도가 더해지기 마련입니다. 이 중력에 따른 가속도❶를 **1g**라고 하며 이 단위로 가속도를 나타내면 일반적으로 우리가 느끼는 중력과 가속에 따라 느끼는 부담을 비교할 수 있어요. 열차나 자동차가 1g의 가속도로 출발할 경우 진행 방향으로 1g의 가속도가 승객에게 작용합니다. 그런데 엘리베이터가 1g의 가속도로 올라갈 경우 승객의 몸은 지구의 중력과 합쳐진 2g, 즉 자기 몸무게의 두 배를 느낄 겁니다. 3g, 4g로 늘어날수록 그에 대응하는 무게를 버텨야 해요.

키워드 ❶

중력에 따른 가속도

물체를 떨어뜨릴 때 시간당 낙하 속도가 올라가는 정도를 나타내서 중력가속도라고 부른다. 지구에서는 9.8m/s²이지만, 달에서는 중력이 6분의 1로 줄어 1.63m/s²이다.

고속 상승할 때는 가속도가 문제다

일부 전투기 조종사는 9*g* 이상도 견딜 수 있습니다. 그러니 여기서는 승객이 견딜 수 있는 엘리베이터의 가속도를 8*g*에 지구의 중력을 더한 것으로 하겠습니다.

사실 가속도가 8*g*라면 일반적인 엘리베이터를 타듯 서 있을 수 없습니다. 적어도 의자가 필요한데, 평범한 의자에 앉으면 피가 발밑으로 쏠려 블랙아웃(❷)을 일으킬 위험이 있습니다. 그래서 로켓처럼 눕는 형태의 의자가 적합합니다.

그런데 8*g*라는 가속도로 등가속도운동(❸)을 하면 3초 만에 350m 높이에 갑니다. 현재 50초가 걸리는 것과 비교하면 순식간에 올라간다고 해도 되겠지요.

단, 이때 엘리베이터의 속도가 시속 850km입니다. 급제동하면 수십 *g*에 이르는 가속도가 역방향으로 작용해 승객이 천장에 부딪혀요. 멈출 때를 생각하면 '순식간'에 높은 곳으로 올라가는 엘리베이터를 만들기가 어렵다는 사실을 알 수 있습니다.

키워드 ❷

블랙아웃

큰 가속도가 심장 밑으로 작용해 뇌로 가는 혈류량이 줄면서 시야가 흐려지거나 의식을 잃는 것이다.

키워드 ❸

등가속도운동

중력만 작용하는 자유낙하와 같이 가속도가 일정한 운동. 처음 속도가 0이거나 처음 속도가 가속도 방향과 일치하면 직선운동이 되고, 이 둘이 달라지면 포물선을 그리는 운동이 된다.

등가속도운동

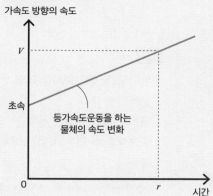

가속도 방향의 속도

V

초속

0

r

시간

등가속도운동을 하는
물체의 속도 변화

같은 힘을 계속 작용하면 일어나는 운동

시간당 속도 증가가 일정한 운동을 등가속도운동이라고 한다. 일정한 힘을 받는 물체의 운동으로서 시간(r)에 따른 속도(v)를 계산해 구할 수 있다. 자유낙하 할 때는 1초당 9.8m/s 속도가 증가한다.

3초 만에 350m까지 올라가는 엘리베이터

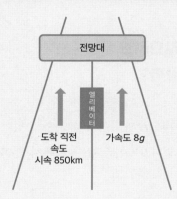

전망대

엘리베이터

도착 직전
속도
시속 850km

가속도 8g

최고 속도 시속 850km

8g로 가속하면 거의 3초 만에 스카이트리 전망대까지 갈 수 있다. 그러나 전망대에서 시속 850km가 되기 때문에 멈춰 세우는 장치가 없다면 엘리베이터가 하늘로 날아가 버린다.

결론

**도착하는 순간 부상당해도 좋다면
3초 만에 도착할 수 있어요.**

4

떨어지는 엘리베이터 안에서 착지 순간에 뛰어오르면 안 다칠 수 있을까?

핵심
- 뛰어오를 때와 착지할 때의 운동량은 같다
- 낙하 거리와 똑같은 높이를 뛰어오를 수 있는 사람은 다치지 않는다

지면에 부딪칠 때 다치지 않으려면 얼마나 높이 뛰어올라야 할까?

엘리베이터가 내려갈 때 '만약 이대로 와이어가 끊어져서 떨어지면 어떡하지?' 하고 불안해한 적이 없나요? 여러 층 높이에서 떨어진다고 생각하면 발이 얼어붙습니다.

그런데 지면에 부딪치는 순간에 훌쩍 뛰어오르면 충격이 줄어 다치지 않을 것 같기도 합니다. 실제로 엘리베이터에는 주변의 벽이나 레일에 제동장치가 있어서, 사고가 몇 번씩 겹치지 않는 이상 급격히 떨어지는 사태는 일어나지 않아요. 그래도 착지 순간에 뛰어오르면 도움이 될지를 물리학적으로 생각해 봅시다.

엘리베이터가 떨어져서 지면에 부딪치기 직전을 상상해 봅시다. 공기저항을 무시하면 무거운 물체와 가벼운 물체가 같은 속도로 떨어집니다. 엘리베이터와 승객이 무게와 상관없이 같이 떨어져요. 이때 퍼텐셜에너지가 운동에너지로 변해 낙하 속도는 지면에 닿기 바로 전에 가장 빨라집니다. 이때, 운동에너지 증가는 운동량❶의 증가로 바꿀 수 있는데, 증가된 운동량을 버틸 다릿심이 있다면 착지할 때 충격을 전혀 안 받을 수도 있을 겁니다.

이 다릿심은 '에너지보존법칙'으로 쉽게 구해요. 지면에 닿기 바로 전의 운동량은 떨어지기 시작한 높이의 퍼텐셜에너지❷로부터 값을 얻을 수 있습니다. 즉 떨어지기 시작한 높이에 내가 있을 때의 퍼텐셜에너지와 같은 운동에너지를 줄 수 있는 운동량이 있으면 됩니다. 이런 운동량을 버틸 수 있는 다릿심은 떨어지기 시작한 높이까지 뛰어오를 수 있어요. 30m 높이에서 떨어질 경우 30m 높이까지 뛰어오를 다릿심이 있으면 낙하 운동량을 없애는 겁니다.

30m까지 뛰어오를 수 있는 사람이 지면에 닿는 순간 엘리베이터 안에서 바닥을 박차고 운동량을 없애는 상황은 30m 높이에서 떨어지며 다릿심으로 착지하는 것과 마찬가지입니다. 즉 착지 순간에 다치지 않을 만큼 뛰어오를 힘이 있다면 같은 높이에서 뛰어내려도 다치지 않고 착지할 수 있다는 뜻입니다. '불가능한 일'이라고 생각할지 몰

키워드 ❶

운동량

움직이는 물체의 운동 상태를 나타내며 질량과 속도의 곱으로 구하고 단위는 Ns(뉴턴초)다. 운동에너지($1/2 \cdot$질량$\cdot$속도^2)와는 다른 물리량이다.

키워드 ❷

퍼텐셜에너지(potential Energy)

중력이 있는 환경에서 질량의 잠재적인 에너지. 위치가 높고 질량이 클수록 퍼텐셜에너지가 크다.

라도 30m를 뛰어오를 다릿심이 있는 사람이라면 높은 데서 뛰어내려
도 괜찮을 것 같습니다.

떨어지면서 뛰어오를 수 있을까?

떨어지는 엘리베이터 안에서 뛰어오를 때 문제가 하나 더 있습니
다. 우리가 보통 지면에서 걷거나 달리거나 뛰어오를 수 있는 것은 중
력에 따라 발이 지면에 닿아 있기 때문입니다.

자유낙하(❸) 중인 엘리베이터 안에서는 물체와 우리 몸이 같이 자
유낙하합니다. 우주정거장 내부가 이런 무중력상태로, 인체를 포함
한 물체는 가볍게 밀기만 해도 둥둥 떠다닙니다. 이런 상태에서 이동
하거나 도약하려면 훈련을 거듭해야만 합니다. 30m를 뛰어오를 수
있는 다릿심뿐만 아니라 평소 대비가 중요합니다.

키워드 ❸

자유낙하

물체가 중력의 작용에 따라 하는 가속도운동. 자유낙하
는 상자 안은 무중력상태가 된다. 천체의 주위를 도는 위성
이나 인공위성은 자유낙하를 계속 하는 상태다.

엘리베이터의 낙하를 없애는 운동량

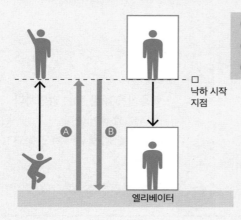

Ⓐ : 뛰어오를 때 운동량

Ⓑ : 낙하할 때 운동량

Ⓐ = Ⓑ 가 성립한다

□ 낙하 시작 지점

엘리베이터

강력한 점프!

엘리베이터가 떨어져서 부딪치는 충격을 안에 있는 사람이 받지 않으려면 낙하한 거리와 똑같은 높이를 뛰어오르는 힘이 필요하다.

떨어지는 엘리베이터 안

무중력상태

엘리베이터와 사람이 같은 가속도로 낙하

무게를 느끼지 않는 무중력상태

자유낙하하는 상자 안은 무중력상태가 된다. 지구상에서 무중력 실험을 할 수 있도록 이런 상태를 만든 장치도 있다.

결론

일반적으로는 생각할 수 없을 만큼
큰 다릿심 그리고
끊임없는 노력이 필요해요.

5

핵융합 발전을 이용하면 전기 요금이 내려갈까?

핵심

· 핵융합은 다른 발전 방법보다 에너지 효율이 좋다
· 실용화를 위한 연구가 진행되고 있다

에너지 효율이 좋은 핵융합 발전

매일 생활하는 데 꼭 필요한 것이 전기인데, 냉난방을 많이 이용하는 여름과 겨울에는 전기 요금이 너무 많이 나와 놀라고 부담스럽기도 합니다. 전기 요금은 왜 이렇게 높을까요?

현재 일본은 많은 전력을 화력발전으로 얻고 있으며 2015년 기준으로 그 비율이 85.6%나 됩니다. 자동차를 움직이는 데 휘발유가 필요하듯 화력발전에도 연료가 필요합니다. LNG나 석유 등 다양한 연료가 있는데, 이걸 구하는 비용이 전기 요금을 높입니다. 국제 정세에 따라 심하게 오르내리는 연료비는 자원이 고갈되어 갈수록 비싸지겠지요. 전기 요금이 지금보다 더 높아질지도 모릅니다. 연료비를 낮출 방법이 없을까요?

그 방법 가운데 하나로 기대되는 것이 핵융합 발전입니다. 연료 1g이 석유 8t 정도로 얻는 에너지를 만들어 내니 아주 효율적인 발전 방법이에요. 연료가 되는 중수소와 삼중수소를 만드는 원료인 리튬은 바닷물에 풍부하게 존재하기 때문에 당분간 고갈 염려도 없을 겁니다.

핵융합반응이라고 하면 '태양에서 일어나는 현상과 같다'고 생각하는 사람도 있겠지요. 하지만 발전에 이용하는 핵융합은 태양에서 일어나는 핵융합과 다릅니다. 수소 네 개가 헬륨을 만드는, 태양에서 일어나는 핵융합은 따라 할 수가 없어요. 핵융합 발전은 수소의 동위원소(❶)인 중수소(❷)와 삼중수소(tritium)를 연료로 쓰고, 이들의 핵융합을 일으키면 헬륨과 중성자 생성과 함께 큰 에너지를 끌어낼 수 있습니다.

핵융합 발전은 효율이 좋은 데다 일반적인 조건에서는 일어나지 않는 반응이기 때문에 '사고가 일어나도 핵분열반응처럼 폭주하지 않는다' 그리고 '이산화탄소나 고준위 방사성폐기물이 생기지 않는다'는 장점도 있습니다.

키워드 ❶

동위원소, 동위핵

같은 원소의 원자핵인데, 그 안에 있는 양자의 수는 같고 중성자의 수는 다른 경우가 있다. 이런 원자핵을 동위핵(isotope)이라고 부른다.

키워드 ❷

중수소

수소의 동위원소에는 양자 한 개와 중성자 한 개로 이루어진 중수소, 양자 한 개와 중성자 두 개로 이루어진 삼중수소가 있다.

기술과 비용 면에서 과제도 있다

만약 핵융합 발전이 실용화되면 연료비가 지금보다 훨씬 낮아질 겁니다. 하지만 반드시 전기 요금이 내려간다고 볼 수는 없어요.

그 이유는 초기 비용이 높다는 데 있습니다. 핵융합 발전소에는 막대한 시설이 필요하고 건설하는 데 수십조 원이 드는데, 이 비용을 회수할 수 있을지는 알 수 없습니다. 연료가 싸도 전력 회사는 초기 비용을 해결하기 위해 당연히 전기 요금을 올리겠지요.

핵융합로를 짓는 데 기술적인 문제도 있습니다. 핵융합로는 수백만 도에 이르는 고온에 몇 년씩 버틸 수 있는 재료가 필요합니다. 게다가 에너지가 높은 중성자가 충돌하기 때문에 중성자가 부딪히는 재료 자체가 저준위 방사성물질이 됩니다. 이렇게 핵융합 발전에는 해결해야 할 과제가 많습니다.

현재 세계 여러 나라가 힘을 모아 핵융합실험로(❸)를 짓고 있습니다. 아직 에너지를 얻을 수 있을지도 모르는 상태인 만큼 실용화되기까지 많이 기다려야 할 듯합니다.

키워드 ❸

핵융합실험로

프랑스의 카다라슈에 짓고 있는 '국제핵융합실험로(ITER)' 계획은 미국, 러시아, 유럽 국가들과 일본이 처음 합의한 뒤 한국, 중국, 인도가 추가 참여하고 있다.

발전에 이용하는 핵융합반응

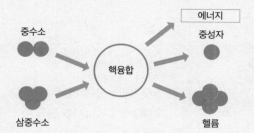

경이로운 발전 효율

중수소와 삼중수소의 핵융합으로 헬륨과 중성자가 만들어진다. 이때 중수소와 삼중수소 1g에서 석유 8t 정도로 얻는 에너지를 만들 수 있다.

핵융합 발전의 구조

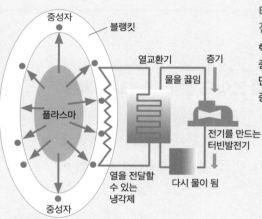

터빈을 돌리는 것은 화력발전과 같다

핵융합로의 플라스마에서 나온 중성자가 블랭킷에 부딪혀 열을 만든다. 이 열로 물을 끓여 생긴 증기로 터빈발전기를 돌린다.

결론

**발전소 건설비가 너무 많이 들어서
현재의 전기 요금이 내려가지는 않아요.**

6

영구기관을
만들 수 있을까?

핵심
- 영구기관은 인류의 꿈
- 무(無)에서 에너지를 만들 수 있을까?
- 열을 100% 일로 바꿀 수 있을까?

에너지를 공급하지 않아도 일을 계속하는 기관

영구기관은 외부에서 에너지를 전혀 공급받지 않고 일을 계속할 수 있는 기관입니다. 만약 영구기관을 실현한다면 세계의 에너지 문제는 단숨에 풀리겠지요.

오래전부터 영구기관은 인류의 커다란 꿈입니다. 영구기관을 만들려는 시도가 몇 번이나 있었고 일찍이 물의 흐름을 순환시켜 수차를 돌리는 방식 또는 아래로 떨어뜨린 쇠공을 자석의 힘으로 끌어올리는 방식 등 다양한 영구기관이 고안되었습니다. 그러나 이런 것들에는 반드시 모순되는 부분이 있어서 영구기관이 실현되지 않고 있습니다.

원래 '일'이란 영구기관뿐만 아니라 무엇이든 자신이 갖고 있는 에너지를 다른 물체에 주는 것을 말합니다. 외부에서 어떤 에너지도 얻지 않고 영구히 다른 물체에 에너지를 줄 수 있다면 이는 '아무것도 없는 무에서 무한하게 에너지를 만들 수 있다'는 뜻이라, 물리법칙을 무시한 현상과 같습니다. 즉 '열도 에너지의 일종이며 외부의 영향이 없는 한 열을 포함한 에너지의 총계는 보존된다'는 열역학제1법칙(❶), 이른바 에너지보존법칙에 어긋나요. 이 법칙은 무에서 에너지를 만드는 유형의 영구기관은 불가능하다고 말해 줍니다.

열역학제1법칙을 거스르지 않는 영구기관

'제2종 영구기관'이라는, 열역학제1법칙을 깨지 않는 영구기관도 있습니다. 이것은 단 한 가지 열원만 이용해 그 에너지의 100%를 일로 바꾸는 기관입니다. 열역학제1법칙을 거스르지는 않지만 이 영구기관에도 문제가 있습니다.

예를 들어, 따뜻한 실내에서 얼음은 열을 흡수하고 녹아 물이 됩니다. 그러나 이 물이 저절로 열을 방출하고 얼음이 되는 경우는 없습니다. 공기의 열이 얼음으로 이동하는 것처럼 두 물체가 접촉할 때 열

> 키워드 ❶
>
> 열역학제1법칙
> 에너지보존법칙이라고도 한다. 기관(물리계)에 주어진 열량을 Q, 외부에서 기관에 한 일을 W라고 하면 기관의 내부에너지 증가량 $\varDelta U$는 $Q+W$가 된다.

은 반드시 온도가 높은 쪽에서 낮은 쪽으로 이동하고 그 반대는 일어
나지 않기 때문입니다. 열이 관계하는 많은 변화는 이렇게 불가역적
입니다.

그리고 이를 엄밀히 표현하면 '외부에 아무런 변화도 남기지 않고
열이 다 일로 변하지는 않는다'는 열역학제2법칙(❷)이 됩니다. 열을
100% 일로 바꾸는 제2종 영구기관도 불가능하다는 사실을 열역학제
2법칙이 증명할 수 있습니다.

이렇게 열역학이라는 물리 분야는 영구기관이 실현될 수 없다는
원칙하에 구축되어 있습니다. 영구기관이 완성된다면야 분명히 인류
의 생활을 풍요롭게 해 주겠지만 열역학에 혁명을 일으키는 새로운 법
칙이 발견되는 날이 오기 전에는 영구기관을 실현하기가 어렵습니다.

제1종 영구기관 구상의 예

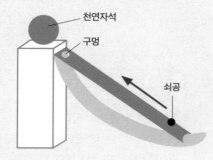

천연자석

구멍

쇠공

영원히 비탈면을 올라가는 쇠공?

자석의 힘에 이끌린 쇠공이 비탈면을 올라갔다가 윗부분에서 구멍에 빠져 다시 출발 지점으로 돌아오기를 반복한다는 구상. 실제로는 자력이 크면 쇠공이 자석에 달라붙고, 자력이 작으면 쇠공이 비탈면을 올라가지 못한다.

제2종 영구기관

열에너지 100%를 일로 바꿀 수는 없다

제2종 영구기관은 열원에서 에너지를 꺼내 일을 하고 폐열을 내지 않는 장치. 무에서 에너지를 만드는 것이 아니라서 열역학제1법칙에는 어긋나지 않는다. 하지만 열에너지 100%를 일로 바꾸는 것은 열역학제2법칙에 어긋나서 실현할 수 없다.

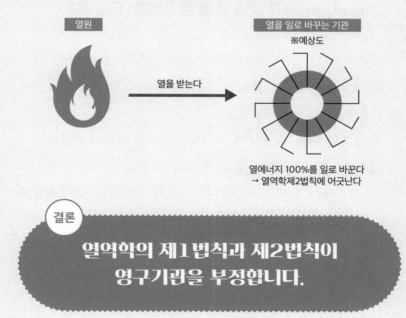

열원

열을 받는다

열을 일로 바꾸는 기관
※예상도

열에너지 100%를 일로 바꾼다
→ 열역학제2법칙에 어긋난다

결론

열역학의 제1법칙과 제2법칙이 영구기관을 부정합니다.

심해를
비추는 조명을
만들 수 있을까?

수심 400m까지 빛이 가게 할 방법이 있을까?

깊은 바다 밑은 햇빛이 닿지 않는 암흑세계라는 것을 텔레비전에서 본 사람이 많겠지요. 햇빛조차 닿지 않는 해저. 그곳을 밝게 비출 수 있을까요?

물속 혼합물이나 오염도 같은 영향을 무시할 때 물의 색깔은 수심이 얕으면 투명하고, 어느 정도 깊어지면 파랗고, 더 깊어지면 검게 보인다는 사실이 잘 알려져 있습니다. 이것은 물이 빛을 흡수하기 때문입니다. 또 파장이 긴 적색광일수록 잘 흡수되고 파장이 짧은 청색광일수록 흡수율이 낮아지기 때문에 색깔 차이가 생겨요. 수심이 얕은 곳에서는 빛이 거의 흡수되지 않기 때문에 물이 투명하게 보입니다. 어느 정도 깊은 곳에 가면 파장이 긴 적색광이 흡수되고 남아 있는 파란빛이 산란을 통해 물속 물체를 비춥니다. 그리고 수심이 깊으면 모든 빛이 흡수되어 버리기 때문에 캄캄해집니다.

그래서 수심이 10m 정도라면 우리가 푸른 물속 세상을 볼 수 있습니다. 그리고 더 아래, 심해로 불리는 수심 400m까지 가면 아주 투명한 바다라도 수면 빛의 10만분의 1만 남아 캄캄해집니다.

해저를 손전등 밝기로 비춘다

그럼 해저를 밝게 비출 방법을 생각해 봅시다. 사람이 눈으로 본 밝기를 '조도(照度)'❶라고 하고 조도는 럭스(lx)❷라는 단위로 측정하는데, 해저에서 조도가 올라가면 주변 풍경을 볼 수 있을 겁니다.

태양광이 비친 지면의 밝기는 날씨나 태양의 고도에 따라 다르지만 보통 **10만lx**라고 합니다. 한편 일반적인 가정용 손전등으로 바닥이나 벽 등을 비추는 밝기는 약 **100lx**라고 합니다. 그럼 손전등과 같은 조도로 해저를 바다 위에서 비추려면 어떻게 해야 할까요?

단순히 생각할 때 바다 위 빛의 10만분의 1밖에 닿지 않는 수심 400m 해저를 비추려면 해저 조도의 10만 배 조도로 바다 위에서 비

키워드 ❶	키워드 ❷
조도	럭스(lx)
인간의 눈으로 지각하는 물체의 평면이 비춰지는 밝기를 나타내는 물리량. 인간의 감각기관인 눈과 관련해 달라진다.	조도를 나타내는 단위. 제곱미터당 루멘(lm/m²)으로도 나타낸다. 파장에 따라 달라지며 면에 파장이 555nm(나노미터)인 녹색 빛을 제곱미터당 1.46mW(밀리와트) 받을 때 조도가 1lx=1.46mW/m²로 정의된다.

추면 됩니다. 해저에서 손전등 정도의 조도인 100lx가 필요할 때는 그 10만 배, 즉 태양광의 100배인 1000만lx를 바다 위에서 비추는 겁니다.

하지만 이만 한 빛이 닿는 곳은 물론이고 그 주변까지 큰 영향을 받습니다. 빛을 받은 바닷물의 온도가 순식간에 올라가서 빛이 지나는 길에 있는 바닷속 생물들이 큰 해를 입어요. 이 빛을 내는 조명 기구는 바로 고온을 내뿜으며 불이 붙을 겁니다. 게다가 이 빛을 받은 해면에서 눈부신 빛이 나면서 이걸 직접 본 사람은 실명하고 말 테지요.

만약 해면을 비추는 빛에 무심코 손이라도 뻗었다가는…, 한여름 햇빛에 입는 화상과는 비교도 할 수 없이 큰 화상을 입을 겁니다.

지금까지 이야기했듯이 깊은 바다 밑을 손전등 정도의 빛으로 밝히려고 바다 위에서 빛을 비추는 대가가 상당히 클 것 같습니다.

수심과 색의 관계

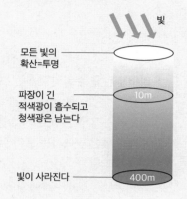

빛

모든 빛의
확산=투명

파장이 긴
적색광이 흡수되고
청색광은 남는다

10m

빛이 사라진다

400m

물은 빛을 흡수하는 성질이 있다

물은 파장이 긴 적색광부터 흡수한다. 그래서 어느 정도 깊은 물은 파랗게 보이며 더 깊어지면 가시광선 영역을 벗어나 인간이 빛을 감지하지 못한다.

조도와 광선속의 차이

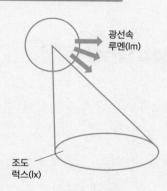

광선속
루멘(lm)

조도
럭스(lx)

광선속은 광원의 밝기를 나타내는 물리량이다

조도는 비춰진 곳의 밝기를 나타내고, 광선속은 광원의 밝기를 나타낸다.

결론

태양광보다 100배 밝아야 해요. 단, 이 빛이 지나는 길은 엄청나게 위험합니다.

8

바닷속에 친환경 얼음 터널을 만들 수 있을까?

> **핵심**
> - 얼어붙은 물 주위의 대류는 위쪽을 향한다
> - 염도가 높은 물은 잘 얼지 않는다
> - 수압이 높은 곳에서는 물이 잘 얼지 않는다

바닷물은 민물에 비해 잘 얼지 않는다

2011년에 동일본대지진으로 사고가 일어난 후쿠시마 제1원자력 발전소는 지금까지 수습이 이어지고 있습니다.

무엇보다 지하수의 유입과 유출을 막으려고 지하에 동토벽을 만들었어요. 이 벽을 만드는 기술은 동결공법(❶)이라고 하는데, 원래 해저 또는 지상에 터널을 내는 공사에서도 지하수를 막는 데 널리 이용

키워드 ❶

동결공법

토양을 동결해 물을 막는 방법. 시멘트에 비해 공사하기가 쉽고 파손돼도 저온에서 저절로 복구된다는 장점이 있다. 파이프에 흐르게 하는 냉각액은 브라인이라고 하며 염화칼슘 같은 것을 녹인 수용액을 쓴다.

되었습니다. 땅속을 지나는 파이프에 영하 30℃의 냉각재를 순환시켜 파이프 주변 토양 자체를 얼려서 벽을 만드는 방법입니다. 이 기술을 이용하면 바닷물 자체를 얼려서, 바닷속에 얼음 터널이나 얼음 방파제를 만들 수 있지 않을까요?

바닷속에 터널을 만들려고 할 때 무엇보다 어려운 문제가 '바닷속에 얼음 만들기'입니다. 바닷물이 아니라도 물은 온도 차이에 따라 따뜻한 쪽과 차가운 쪽이 자리를 바꾸는 '대류'가 일어나기 때문에 잘 얼지 않습니다. 바다처럼 양이 많은 경우에는 물이 얼기도 전에 점점 해면을 향해 올라갑니다.

게다가 바닷물을 얼리면 소금이 섞인 얼음이 되는 것이 아니라 순수한 물로 이루어진 얼음과 염분이 높은 액체로 분리됩니다. 그럼 염분이 높은 액체가 바다에 녹아 주위의 염도가 올라가기 때문에 어는점 내림❷ 원리에 따라 점점 더 얼지 않아요. 예를 들어, 민물은 0℃에서 얼지만 바닷물은 어는점이 영하 1.8℃에 가깝습니다. 또 언 바닷물 주변의 염도가 높아져서 염도 25%의 포화식염수❸가 되면 영하 22℃에야 얼어요.

어는점이 낮아져서 잘 얼지 않는다는 건 녹기 쉽다는 뜻이에요. 한번 얼었어도 온도를 어는점 밑으로 유지하기가 매우 어려워서, 주변에 있는 바닷물이 대류로 따뜻한 물과 자리를 바꾸면 녹기 시작해요.

키워드 ❷

어는점 내림

용질(소금)을 용매(물)에 녹이면 어는점이 내려가는 현상. 동결공법에서 말한 브라인도 어는점 내림을 이용해 영하 30℃에서도 얼지 않는다.

키워드 ❸

포화식염수

어떤 물질이 물에 많이 녹아 있어서 더는 녹지 않을 때 포화 상태라고 한다. 소금은 25℃인 물 100cc에 36g 정도까지만 녹고, 이때 염도가 26.4%다.

해저에서 커다란 문제는 수압

수압도 문제입니다. 예를 들어, 육지에서 얼음을 잘 만들어 해저에 가라앉힌다고 해도 수심이 10m만 되면 1m²당 거의 10tf에 이르는 수압을 받아요. 이걸 견딜 수 있는 얼음의 두께는 4, 5m나 됩니다.

수압이 문제가 되는 것이 강도 때문만은 아닙니다. 수압이 높아지면 염도가 올라갈 때처럼 어는점이 낮아집니다.

바닷물에 잠겨 있는 동안 어는점이 점점 낮아져서 얼음이 녹기 쉬워집니다. 그 결과 얼음의 강도가 약해지니 두 가지 측면에서 수압은 큰 문제입니다.

이렇게 보니 역시 얼음으로 바닷속에 터널 같은 구조물을 만들어 유지하기란 어렵다고 할 수 있겠지요. 효과적으로 이용할 수 있다고 해도 동결공법과 마찬가지로 해저에 터널 같은 구조물을 지을 때 일시적인 기초나 기둥에 쓰이는 정도일 겁니다. 바다로 돌아가니까 나중에 철거할 필요가 없는 친환경 자재로 한 번 쓰는 정도가 현실적인 방법일 듯합니다.

얼음으로 바닷속에 터널을 만들려면

바닷물은 끊임없이 얼려도 대류를 통해 흘러간다

영하 30℃의 냉각재를 바닷속에 둔다고 해도 냉각된 바닷물이 대류를 통해 위로 올라가며 새로운 바닷물이 주위에 가득해진다. 설사 얼린다고 해도 그 주변 바닷물이 점점 더 얼지 않게 된다.

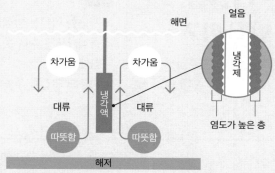

수압 때문에 바닷속 터널이 무너진다?

얼음으로 바닷속 터널을 만들어도 수압을 견디기는 어렵다. 원래 얼음은 비중이 물보다 작기 때문에 떠오르는 것을 막아야 한다.

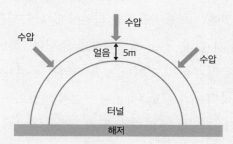

결론

얼음 터널은 지상의 터널에 비해 만들기가 몇 배나 어려워요.

9

지구를 관통하는 터널을 만들 수 있을까?

핵심
- 지구를 이루는 암석은 다중 구조다
- 중심으로 갈수록 초고온·초고압 상태다
- 지구의 자전을 우습게 보면 안 된다

터널을 빠져나와 지구의 반대쪽으로!

누구나 한 번쯤 '지구를 관통하는 터널이 있다면 지구 반대편의 브라질까지 바로 갈 텐데.' 하고 생각해 봤을 겁니다. 2016년 유럽에서 개통한, 세계에서 가장 길고 가장 깊은 터널은 총길이가 57km입니다. 대륙 지각의 두께가 평균 30km니까 중력 방향으로 이 정도 파면 지각을 관통하는 터널을 만들 수 있을 것 같다는 생각이 듭니다. 지구의 지름인 1만 2800km를 관통하는 터널을 판 다음 자유낙하로 지나가면 42분 만에 브라질에 도착한다는 계산이 나옵니다. 삼바를 배우고 싶다면 하굣길에 곧장 본고장 학원으로 갈 수도 있겠지요.

그럼 지구의 중심을 관통하는 구멍 파기에 대해 생각해 봅시다.

가장 먼저 생각해 봐야 할 문제는 지반의 경도, 즉 단단한 정도입니다. 지구 내부는 그 위를 덮은 암석이 꾹 누르고 있기 때문에 깊은 곳일수록 밀도가 높고 지구 내부 온도(❶)와 경도도 올라갑니다.

지표면에서 2890km 깊이에 있는 구텐베르크 불연속면, 즉 맨틀과 외핵의 경계에서는 134만 기압입니다. 세계에서 가장 깊은 곳이라는 마리아나해구도 1100기압 정도라는 사실을 생각하면 지구 내부가 엄청난 압력으로 다져진 것을 알 수 있습니다. 계산상 지구 중심부에서는 359만 기압입니다. 초고압으로 굳어진 암석은 온도도 엄청나게 높습니다.

또 지구에 구멍을 파 깊이 들어갈수록, 구멍 내부 온도가 높아집니다. 인류가 판 가장 깊은 구멍은 러시아에서 1만 2000m까지 판 것으로 내부 온도가 180℃에 이르렀습니다. 이렇게 높은 온도를 견디면서 암반을 파고 들어가기란 기술적으로도 매우 가혹한 일입니다.

우리는 일단 현실적인 한계는 생각하지 말고 경도와 온도에 대응할 이상적인 굴착기가 있다고 가정해 봅시다. 아래로 파 내려가면 상부 맨틀에서 대략 1000℃, 하부 맨틀에서는 3000~4000℃에 이릅니다. 그리고 지구 중심부는 6000~7000℃로 태양의 표면 온도와 비슷합니다. 이런 온도에 버틸 수 있는 터널 외벽을 만들기란 엄청나게 힘들겠지요.

지구 내부 온도

지구에 깊은 구멍을 팔 때 더워지는 것은 맨틀과 핵의 온도가 전달되기 때문이 아니라 압력이 커지면서 지구 내부의 방사선 동위원소 붕괴로 발생한 열과 중력 압축으로 생긴 열 때문이다.

이글이글 타오르는 터널에서
초고속으로 이동한다고?

　자, 인류가 구멍을 파는 건 포기하고 '지구를 관통하는 터널을 발견했다'고 치고 이것을 이용하면 어떤 일이 일어날지 생각해 봅시다. 공기저항을 무시하고 내부가 진공으로 유지된다고 가정하며 지구의 자전(❷)에 따른 영향도 없다고 합시다.

　터널로 뛰어들면 21분 뒤에는 지구 중심에서 최고 속도가 초속 7900m, 소리가 공기 중에 퍼지는 속도의 23배(마하 23)에 이릅니다. 중심을 지나면 중력 때문에 서서히 속도가 줄어 출구에서는 뛰어들었을 때 속도와 같아집니다. 터널로 뛰어들 때 속도가 느리면 출구 끝에서 도로 떨어지고 너무 빠르면 하늘로 솟구치게 되니까 상당히 주의해야 합니다.

　앞에서 말했듯이 이 터널 내부의 최고 온도는 6000℃를 넘어요. 다만 어떤 기술로 터널 내부에 진공을 유지한다면 온도를 전달하는 공기가 존재하지 않으니까 사람과 화물을 열로부터 보호할 수 있습니다. 역시 문제는 고온과 고압을 견딜 터널을 만들 수 있는가입니다.

키워드 ❷

지구의 자전

자전에 따라 지구상의 물체에 작용하는 힘은 원심력뿐만이 아니라 운동하는 물체의 궤도를 휘게 만드는 '코리올리 힘'도 있다.

지구의 내부 구조

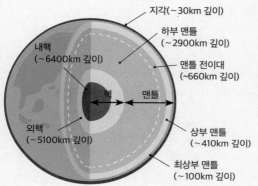

지각(~30km 깊이)

하부 맨틀
(~2900km 깊이)

내핵
(~6400km 깊이)

맨틀 전이대
(~660km 깊이)

핵   맨틀

외핵
(~5100km 깊이)

상부 맨틀
(~410km 깊이)

최상부 맨틀
(~100km 깊이)

지각은 겨우 30km! 그 아래로는 400배 넘는 깊이다

고온, 고압의 암석층이 겹겹이 있으며 대류가 천천히 일어난다. 그림에서 '달걀 껍데기' 정도로밖에 보이지 않는 지각의 두께 30km도 인류는 아직 뚫지 못했다.

지구를 관통하는 터널을 지나는 방법

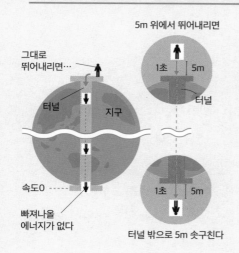

그대로
뛰어내리면…

터널   지구

속도0

빠져나올
에너지가 없다

5m 위에서 뛰어내리면

1초 5m

터널

1초 5m

터널 밖으로 5m 솟구친다

5m 높이에서 자유낙하로 뛰어내리자

출구에서 붙잡을 수 있도록 터널 탈출 후 2초라는 작업 시간을 벌려면 진입할 때 5m 높이에서 자유낙하하면 된다. 단, 반대쪽의 지상 4m쯤에서 제때 붙잡지 못하면 터널 속으로 도로 떨어진다.

결론

6000℃, 300만 기압을 견딜 굴착기와 터널이 있으면 가능해요.

10

휴대용 레이저총을 만들 수 있을까?

핵심

• 레이저는 빛의 에너지를 확산시키지 않고 멀리까지 전달할 수 있다
• 큰 전력이 필요하다

이미 친숙해진 레이저

레이저총은 예전부터 SF 영화나 만화, 애니메이션 등에 자주 등장해서 미래 무기를 대표한다고 할 수 있습니다. 실제 무기로 쓸 날이 올지 누구나 궁금해할 것 같습니다.

그런데 레이저가 뭘까요? 눈에 보이는 태양광을 포함해 모든 빛은 전자기파❶라서 당연히 파(波)의 성질이 있습니다. 즉 파장이 있으며

키워드 ❶

전자기파

빛이나 전파가 모두 전자기파다. 파장의 차이에 따라 가시광선, 적외선, 전파 등으로 구별한다. 가시광선 이외의 전자기파라도 레이저를 만들 수 있으며 파장이 1mm 이상인 마이크로파는 메이저라고 한다.

파가 높은 곳(마루)과 낮은 곳(골)이 있습니다. 일반적인 빛은 파장이 다양한 빛의 혼합으로서 파장도, 마루도, 골도 고르지 않습니다. 파장과 위상, 즉 마루와 골이 고른 것은 '결맞음'이라고 합니다. 그리고 레이저광이란 레이저 매질(❷)이라고 불리는 기체나 결정 속에서 증폭되고 방사된 결맞음 빛입니다.

레이저광은 확산되지 않고 먼 거리까지 뻗어 나가기 때문에 렌즈를 이용하면 빛 에너지를 한 점에 모을 수도 있습니다. 이런 성질 때문에 레이저광은 이미 우리 일상에서 많이 쓰입니다. 가장 익숙한 예가 디스크 면에 레이저를 쏘아 그 반사광으로 데이터를 읽어 내는 CD나 DVD입니다. 데이터 1비트를 나타내는 면적이 극히 작아도 읽을 수 있기 때문에 많은 정보 저장 디스크 규격에 레이저가 채용됩니다. 콘서트를 화려하게 수놓는 다채로운 레이저와 회의용 레이저 포인터, 계산대의 바코드 판독기도 낯설지 않습니다.

이 밖에도 한 점에 높은 에너지를 집중할 수 있는 레이저광으로 금속을 자르거나 깎는 공작기계가 있습니다. 또 금속의 표면에 문자나 모양을 가늘고 정확하게 새길 수 있기 때문에 레이저광은 공업 분야에서 귀중하게 쓰입니다.

키워드 ❷

레이저 매질

결맞음 빛을 생성하고 증폭하는 물질이다. 독특한 결정이나 유리, 기체, 반도체 등이 있다. 예전에는 합성 루비도 썼지만 효율이 나쁘기 때문에 현재는 고출력 적색을 써야 하는 경우에만 선택한다.

꿈의 하이테크 무기 실현은 아직 멀었다고?

레이저총 이야기로 돌아갑시다. 레이저총이나 레이저 무기는 공작기계에 쓰는 레이저를 더 강력하게 만들어서 이용합니다. 앞서 말했듯이 레이저광은 직진을 잘 하지만 약점이 있어요. 고출력 레이저를 만들려면 고출력 전원이 필요하다는 겁니다. 이런 전원은 무겁고 크기 때문에 휴대하기에는 좋지 않아요.

작은 총에 넣을 만큼 작은 배터리는 출력이 부족한 게 문제입니다. 현재 기술상 이런 배터리로는 상대를 비추는 정도만 할 수 있어서, 치명상을 입힐 위력은 어림도 없습니다. 권총만 한 레이저총은 아직 먼 이야기라고 할 수 있어요. 영화에 나오는 것처럼 작은 레이저총은 고출력 배터리가 등장할 때까지 기다려야 할 것 같습니다.

그런데 대형 배터리를 들고 다니지는 못해도 자동차나 배에 실을 수는 있습니다. 이미 함선에 싣는 레이저총을 준비한 미군은 이것으로 드론 같은 것을 공격해 추락시킬 수 있다고 합니다.

레이저광이란

결맞음 빛

결맞음 빛은 파장의 마루와 골이 가지런하다. 일반적인 빛은 결어긋남을 보인다.

레이저	단색광	태양광
결맞음 파 파장과 위상이 일치한다	결어긋남 파 파장은 같아도 위상(마루의 위치)이 제각각이다	결어긋남 파 파장과 위상이 제각각이다

레이저 발진기의 구조

레이저 발진기는 최초의 빛을 만드는 여기(勵起, 전자가 들뜬 에너지 상태) 광원과 결맞음 빛을 만드는 레이저 매질, 빛을 반사하며 매질로 돌려보내 증폭하는 공진기로 구성된다. ①에서 매질이 빛을 흡수하고, ②에서 빛을 증폭하고, ③에서 레이저로서 내보낸다.

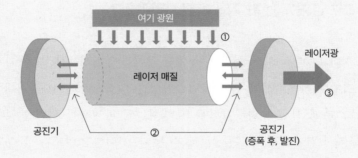

결론

대형 무기는 실용화되었어요.
소형화는 기술이 더 발전해야 해요.

11

레이저광선으로 지구를 파괴할 수 있을까?

> **핵심**
> · 질량은 중력에 따라 서로 끌어당긴다
> · 지구를 파괴하려면 중력 에너지를 없애는 에너지가 필요하다

SF 영화처럼 지구를 폭발시키려면?

영화 〈스타워즈〉에 여러 가지 첨단 무기가 등장하는데, 그중 가장 큰 것이 은하제국군의 전투용 인공위성인 '데스스타'입니다. 거대한 데스스타에 실린 슈퍼레이저(❶)는 행성까지 파괴하는 위력을 갖춰 영화에서 지구만 한 행성을 산산조각 냅니다. 이뿐만 아니라 SF 분야에서는 슈퍼 무기로 지구(행성)를 파괴하는 장면이 가끔 나옵니다. 그

키워드 ❶

레이저

레이저란 유동방출의 원리를 이용해 증폭된 인공 빛이다. 작은 범위에 높은 에너지를 집중할 수 있기 때문에 고출력 레이저는 치명상을 입히는 무기가 될 수 있다고 본다.

런데 영화나 만화에서처럼 지구를 산산조각 내는 슈퍼 무기를 실제로 만들 수 있을까요?

가장 큰 문제는 물질에 작용하는 중력입니다. 질량이 있는 모든 물체가 서로 끌어당기는 힘이라서 만유인력이라고 하지요. 슈퍼 무기로 지구를 공격해 부순다고 해도 이 힘이 있기 때문에 지구는 다시 결합해 행성의 형태를 유지합니다. 물론 지표면은 생물이 전멸할 만큼 파괴되겠지만 행성이 산산조각 나는 정도는 아닙니다.

지구를 산산이 부수려면 지구 자체를 어느 정도 조각낸 다음 각 파편에 지구의 중력에서 벗어날 만한 속도, 즉 지구 탈출 속도(❷)를 낼 만큼 에너지를 줘야 합니다.

실제로는 차원이 다른 에너지가 필요하다

그렇다면 지구의 중력 에너지를 없앨 만한 에너지를 계산해서 어느 정도 파괴력이 필요한지 알 수 있을 겁니다. 행성 표면에서 질량이 m인 물체의 중력 에너지는 만유인력상수를 G, 지구의 질량을 M, 반지름을 R이라고 할 때 $-\dfrac{GMm}{R^2}$으로 계산할 수 있습니다. 부호가 마이너스인 것은 물체가 멀리 떨어져서 지구 중력의 영향을 받지 않는 경

키워드 ❷

지구 탈출 속도
지구의 중력을 이겨 내는 데 필요한 속도. 초속 11.2km(시속 4만 320km)이며 제2우주속도라고도 한다.

우에 0이 되는 것으로 정의하기 때문입니다. 이를 없앨 수 있는 $\dfrac{GMm}{R^2}$ 의 에너지를 질량 m에 주면 탈출 속도를 얻어 무한한 저편으로 날아 갑니다. 행성을 산산조각 내며 날려 보내려면 식이 조금 바뀌어 $\dfrac{3GM^2}{5R}$ 의 에너지가 필요합니다.

이 식을 지구에 적용해서 나오는, 지구를 산산조각 내는 데 필요한 에너지는 2.25×10^{32}J입니다. 히로시마에 떨어진 원자폭탄의 파괴에너지가 6.276×10^{13}J인데, 이런 에너지 약 300경 개와 맞먹습니다. 최근의 예로 동일본대지진의 진도 9가 1.13×10^{18}J이었으니, 이것의 113조 배 정도 됩니다. 말 그대로 차원이 다른 에너지네요.

더 큰 에너지와 비교하면, 1초에 3.86×10^{26}J씩 방출되는 태양에너지를 160시간 동안 모아서 한 번에 지구에 쏘는 것과 같습니다.

이렇게 하면 드디어 산산이 부서진 지구의 파편이 결합하지 않으며 태양 주위를 도는 새로운 소행성 벨트가 됩니다.

이것이 지구를 산산조각 내려는 각본인데, 이만 한 에너지를 만드는 레이저를 실현할 수 있을까요? 태양에너지 160시간 분량에 해당하는 엄청난 에너지를 모을 만한 레이저 발진기를 개발하는 데 세월이 얼마나 걸릴지 짐작할 수도 없네요.

지구를 흔적도 없이 파괴하려면

행성에는 원위치로 돌아가려는 힘이 작용한다

레이저나 핵무기 또는 거대 운석 때문에 지구의 표면이나 내부가 산산이 부서져도 파편에 충분한 운동에너지가 없다면 중력에 이끌려 다시 결합한다.

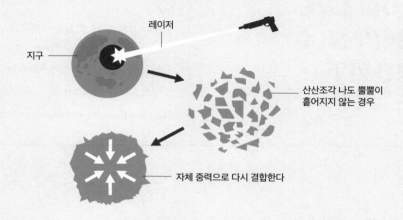

레이저

지구

산산조각 나도 뿔뿔이 흩어지지 않는 경우

자체 중력으로 다시 결합한다

지구를 파괴하는 데 필요한 에너지

G: 만유인력상수
M: 지구의 질량
R: 지구의 반지름

$$\frac{3GM^2}{5R} = \frac{3}{5} \times \frac{6.674 \times 10^{-11} \text{Nm}^2\text{kg}^{-2} \times (5.972 \times 10^{24} \text{kg})^2}{6.371 \times 10^{6} \text{m}}$$

$$= 2.25 \times 10^{32} \text{J}$$

히로시마에 떨어진 원자폭탄의 약 3×10^{18}배

결론

지구를 산산조각 내려면 어마어마한 에너지가 필요해요.

12

용수철을 이용해서 10m 넘게 뛰어오를 수 있을까?

핵심

• 용수철은 훅의 법칙을 따른다
• 10m 튀어 오를 수 있는 탄성에너지는 10m 지점의 퍼텐셜에너지와 같다

10m 튀어 오를 수 있는 용수철의 강도

더 높이 뛰고 싶다는 인류의 꿈을 표현했는지는 몰라도 발밑에 용수철을 달아 높이 뛰어오를 수 있는 신발이 있습니다. 일본의 에디슨으로 불리는 나카마쓰 박사가 발명한 신발이 유명하지요. 하지만 실제로 판매되는 상품을 보면 뛰어오를 수 있는 높이가 기껏해야 2m쯤 됩니다.

이런 신발의 용수철을 아주 강화하면 10m 넘는 높이까지 뛰어오를 수 있을까요?

용수철이 변형에 반발하는 힘, 즉 탄성력에 대해 생각해 봅시다. 용수철의 탄성력은 훅의 법칙❶에 따라 용수철의 원래 길이에서 늘

어나거나 압축된 길이와 용수철 상수(❷)로 정해집니다.

그리고 압축된 용수철이 축적하고 있는 탄성에너지는 $E = \frac{1}{2}kx^2$ (k: 용수철 상수, x: 원래 길이에서 늘어나거나 압축된 길이)으로 나타냅니다. 용수철 상수는 소재와 구조에 따라 자유롭게 설정합니다. 따라서 우리는 사람이 뛰어오르는 데 필요한 용수철 상수를 갖는 강력한 용수철을 준비할 수 있다고 칩시다.

그럼 사람이 10m 뛰어오르는 데 필요한 에너지는 어느 정도일까요? 답은 10m 높이의 퍼텐셜에너지 또는 이 높이에서 지면에 이르는 운동에너지를 계산해 구할 수 있습니다.

어떤 높이에서 떨어뜨린 물체는 퍼텐셜에너지(❸) A가 운동에너지로 바뀌면서 떨어집니다. 지면에 닿으면, 즉 퍼텐셜에너지가 0이 된 지점에서는 에너지가 전부 운동에너지 B가 됩니다. 이때 10m 뛰어오르기 위한 운동에너지 C는 에너지보존법칙에 따라 A=B=C가 됩니다. 즉 퍼텐셜에너지를 계산하면 뛰어오르는 데 필요한 에너지를 알 수 있습니다.

키워드 ❶
훅의 법칙
탄성의 법칙이라고도 한다. 늘어나거나 압축되는 용수철의 변형과 용수철의 힘에 관한 법칙이며 용수철의 힘은 변형에 정비례한다. 한도를 벗어난 변형에는 적용되지 않는다.

키워드 ❷
용수철 상수
용수철의 강도를 나타내는 상수. 코일 용수철이라면 그 소재와 선의 굵기, 감긴 횟수, 코일의 크기에 따라 결정된다.

낙하 속도와 같은 속도로 뛰어오른다

그럼 실제로 60kg인 사람이 10m까지 용수철로 뛰어오르는 데 필요한 에너지를 생각해 봅시다. 이 퍼텐셜에너지는 질량과 중력가속도, 높이로 구할 수 있으며 그 값은 5880J입니다. 즉 용수철이 압축되었을 때 이만 한 탄성에너지를 축적할 수 있다면 사람이 지상에서 10m 뛰어오를 수 있습니다. 물론 용수철이 붙은 신발로 처음 뛰어올라 바로 이 에너지를 얻을 수는 없고, 몇 번이라도 뛰어올라 높이를 키우면서 결국 이 탄성에너지에 도달해야 합니다.

그런데 큰 문제가 생깁니다. 솟구칠 때와 떨어질 때 충격을 사람의 몸이 견뎌야 하기 때문입니다. 50cm 길이로 이 속도에 도달하는 용수철의 경우 가속도가 대략 $20g$이기 때문에 의식을 잃을 위험이 있으며 그대로 떨어진다면 크게 다칠 것입니다. 그러므로 용수철의 길이는 최소한이라도 1m로 해서 사람이 가속도를 견딜 수 있는 한계라고 하는 $10g$ 이하로 억제해야 합니다. 또 체력이 가속을 견딜 만큼 강인한 사람이 있어야겠지요.

키워드 ③

퍼텐셜에너지

중력장에서 어떤 높이에 있는 물체의 잠재적 에너지.
용수철의 잠재적 에너지도 퍼텐셜에너지라고 한다.

용수철에 관한 훅의 법칙

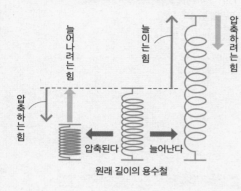

늘어나려는 힘

압축하려는 힘

늘이는 힘

압축하려는 힘

압축하는 힘

압축된다

늘어난다

원래 길이의 용수철

기술

용수철의 힘은 달라진 길이에 비례한다

강도(용수철 상수)가 같은 용수철이라면 달라진 길이가 길수록 강한 힘이 생긴다. 다른 길이의 변화로 같은 힘을 내고 싶다면 용수철 상수를 바꾼다.

에너지보존법칙으로 계산

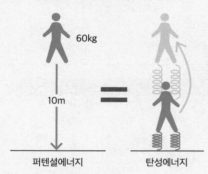

60kg

10m

퍼텐셜에너지

탄성에너지

퍼텐셜에너지와 탄성에너지는 같다

60kg이라는 질량을 10m 높이까지 들어올리는 데 필요한 용수철의 탄성에너지는 10m 높이에 있는 질량 60kg의 퍼텐셜에너지와 같다.

$$60kg \times 10m \times 9.8m/s^2 = 5880J$$

$$E = \frac{1}{2}kx^2$$

k : 용수철 상수
x : 원래 길이에서 압축된 길이

결론

길이가 1m를 넘는 용수철이라면 가능할 거에요. 단, 뛰어난 체력이 필요해요.

단위 표 2

길이, 온도, 힘의 단위가 아래와 같다.
※녹색으로 나타낸 단위는 비국제단위다.

길이의 단위

	이름	기호	환산
짧음	펨토미터	fm	$1fm=10^{-15}m$
	피코미터	pm	$1pm=10^{-12}m$
	옹스트롬	Å	$1Å=10^{-10}m$
	나노미터	nm	$1nm=10^{-9}m$
	마이크로미터	μm	$1μm=10^{-6}m$
	밀리미터	mm	$1mm=10^{-3}m$
	센티미터	cm	$1cm=10^{-2}m$
	미터	m	
	킬로미터	km	$1km=10^{3}m$
	천문단위	AU	1AU=149597870700m
	광년	광년	$1광년=9.4607304725808×10^{15}m$
김	파섹	pc	$1pc=3.08567758131×10^{16}m$

온도의 단위

	이름	기호	환산
낮음	셀시우스도(섭씨)	°C	$T[°C] = T_0[K]-273.15$
	화씨	°F	$t[°F]=1.8×T[°C]+32$
높음	켈빈	K	$T_0[K]=T[°C]+273.15$

T_0=열역학온도

힘의 단위

	이름	기호	환산
작음	다인	dyn	$1dyn=1gcm/s^2=10^{-5}N$
	뉴턴	N	$1N=kg·m/s^2$
큼	킬로그램포스	kgf	$1kgf= g ×1kg=9.80665N$

단위 접두어

10^1	10^2	10^3	10^6	10^9	10^{12}	10^{15}	10^{18}	10^{21}	10^{24}
데카	헥토	킬로	메가	기가	테라	페타	엑사	제타	요타
da	h	k	M	G	T	P	E	Z	Y

10^{-1}	10^{-2}	10^{-3}	10^{-6}	10^{-9}	10^{-12}	10^{-15}	10^{-18}	10^{-21}	10^{-24}
데시	센티	밀리	마이크로	나노	피코	펨토	아토	젭토	욕토
d	c	m	μ	n	p	f	a	z	y

단거리달리기 기록이나 투수의 구속이 점점 빨라지고 있다. 한계를 더 뛰어넘을 수 있을지 물리학적으로 분석한다.

광속으로
공을 던지면
어떻게 될까?

던지기만 해도
충격파와 엄청난 굉음이 발생한다!

프로야구와 고교 야구뿐만 아니라 만화나 애니메이션의 소재로서 야구도 뿌리 깊은 인기를 자랑합니다. 경기에서 갖가지 이야기가 펼쳐지지만 그중에서도 강속구를 던지는 투수의 이야기를 빼놓을 수 없습니다. 엄청난 구속으로 삼진을 기록하는 이들이 만약 빛의 속도로 공을 던지면 경기가 어떻게 될까요? 투수 싸움의 결정판을 생각해 봅시다.

세상에서 가장 빠른 것이 빛인데, 상대성이론에 따르면 물체는 광속으로 이동하지 못합니다. 속도가 광속에 가까워지면 물체에 운동에너지를 더해도 '질량과 에너지의 등가성❶'에 따라 질량으로 바뀌기 때문이에요. 다시 말해, 속도를 높일수록 공이 점점 무거워져서 아무리 힘을 더해도 광속에 이르지는 못합니다. 하지만 이론상 광속에 가까워지는 것은 얼마든지 가능합니다. 그럼 99% 광속으로 공을 던져 봅시다.

첫 번째 사건은 공이 광속에 이르기 훨씬 전에 일어납니다. 머리 위로 높이 쳐든 팔이 호를 그리는 순간 음속을 돌파해 공기의 벽을 꿰뚫는 충격파와 엄청난 굉음 그리고 마하(M)를 뛰어넘는 속도가 일으키는 단열압축에 따른 고열이 발생합니다.

그리고 투수가 던진 공의 속도가 광속에 가깝기 때문에 공기 중에 있는 분자의 원자핵이 공 분자의 원자핵에 충돌합니다. 일반적으로 분자와 분자 사이 반발력 때문에 원자핵들이 가까워지지 않지만 광속에 가까운 공의 원자핵은 반발력으로 멈출 수가 없습니다. 이렇게 원자핵 충돌❷이 일어나면 핵융합반응으로 열과 감마선과 방사선이 방출됩니다.

자, 포수는 투수와 공에서 방출되는 열과 방사선과 충격파를 견디면서 공을 확실히 받아야 합니다. 구속이 0이 될 때 포수의 미트 안에서는 어떤 일이 생길까요?

키워드 ❶

질량과 에너지의 등가성

특수상대성이론에 따르면, 에너지는 질량이 있으며 물체에서 에너지를 꺼내면 그만큼 물체의 질량이 줄어든다. 이것이 질량과 에너지의 등가성이고, $E=mc^2$이라는 식으로 나타낸다.

바로 사라지는 마구!
하지만 다른 모든 것도…

상대성이론에 따르면, 공의 속도가 광속의 99%인 경우 공의 질량은 정지 상태일 때의 일곱 배 정도로 늘어납니다. 그러나 포수의 미트 속에서 정지하면 공이 원래 질량으로 돌아갑니다. 공의 무게를 145g이라고 할 때 그 여섯 배인 0.87kg의 질량에너지는 열과 빛으로 방출됩니다.

이때 에너지를 계산해 봅시다. m은 0.87kg, c는 초속 약 30만km입니다. 단위를 m으로 하면 초속 3억m지요. 이를 질량과 에너지의 등가성을 나타내는 식에 대입하면 $E=0.87×(3×10^8)^2=7.83×10^{16}$(J), 자그마치 8경J입니다. 물 1L(리터)의 온도를 0℃에서 100℃까지 높이는 열량이 42만J 정도 되니까, $8×10^{16}/(42×10^4)=1.9×10^{17}$에 따라 8경J은 물 $1.9×10^{17}$L를 끓일 수 있는 열량입니다. 이건 0.5L의 물이 필요한 컵라면 3800억 개를 끓일 수 있는 열량이고요, 이 에너지로 전 세계의 남녀노소가 18일 동안 하루 세끼 컵라면을 먹을 수 있다는 계산이 나옵니다.

이 에너지는 파괴력 면에서 히로시마에 떨어진 원자폭탄 1250개에 맞먹습니다. 정말 엄청나지요.

키워드 **2**

원자핵 충돌

광속에 가까운 충돌에서는 분자가 만났을 때 분자 간 반발력으로는 멈출 수 없기 때문에 원자핵들이 직접 충돌하는 경우가 있다. 이에 따라 핵융합반응이 일어난다.

처음부터 줄줄이 이어지는 물리적 현상

광속에 가까운 속도로 던지면 대폭발이 일어난다?

정지한 공에 운동에너지를 주는 과정은 뉴턴 역학으로 다룰 수 없어서 상대성이론이 필요하다. 본문에서 다루지 않았는데, 투수가 공에 속도를 주는 데 7.83경J이라는 에너지가 필요하다.

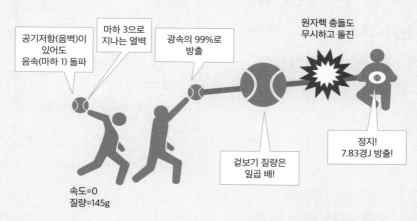

공기저항(음벽)이 있어도 음속(마하 1) 돌파

마하 3으로 지나는 열벽

광속의 99%로 방출

원자핵 충돌도 무시하고 돌진

정지! 7.83경J 방출!

겉보기 질량은 일곱 배!

속도=0 질량=145g

질량과 에너지의 등가성을 나타내는 식

물체가 광속에 가까워지면 그 이상 운동에너지를 더해도 속도는 거의 늘지 않고 질량이 늘어난다. '어떤 속도에서 겉보기 질량'과 '정지 상태의 질량' 간 차이가 운동에너지가 된다. 운동하던 물체가 멈추면 운동에너지가 열에너지를 비롯해 다른 에너지로 바뀐다.

$$E = mc^2$$

E : 에너지
m : 정지한 물체의 질량
c : 광속

결론

광속에 이르는 건 무리예요.
광속에 가까운 공은 모든 것을
없애 버릴 만큼 무서운 힘이 있어요!

2

진행 방향이 위쪽으로 달라지는 변화구를 던질 수 있을까?

핵심

- 변화구는 마그누스효과와 관련 있다
- 위로 휘게 하려면 백스핀이 필요하다

변화구가 휘는 원리

변화구는 야구의 투구 기술 가운데 하나입니다. 타자의 아웃을 이 끌어 내기 위해 오래전부터 다양한 변화구가 만들어졌고, 새로운 변화구는 '마구'로 불리기도 했습니다.

그러나 지금까지도 '위쪽으로 휘는 변화구'는 나오지 않았습니다. 물리적으로 이런 변화구가 가능할까요?

변화구가 어떻게 휘는지부터 확인해 봅시다.

'커브볼', 우완 투수일 경우 왼쪽으로 휘는 공은 위에서 볼 때 왼쪽으로 회전시킨 변화구입니다. 이때 공이 진행 방향에서 왼쪽으로 휘는 것은 '공기 속에서 회전하며 움직이는 물체가 공기의 힘을 받는다'

는 마그누스효과(❶)의 결과입니다. 커브볼뿐만 아니라 공을 회전시켜서 휘게 하는 변화구는 모두 이 효과를 이용합니다.

변화구를 휘게 하는 다른 요소는 중력입니다. 던져진 공이 회전을 멈추면 공기저항에 따라 속도가 줄어들고 중력에 따라 떨어집니다. 이것은 '포크볼', 자연적으로 떨어지는 공이라고 할 수 있습니다.

그럼 '직구'는 어떤 회전을 할까요? 직구라고 부르지만, 사실 투수가 공을 던질 때 팔의 움직임에 따라 자연스럽게 백스핀이 걸립니다. 이 백스핀에 따른 마그누스효과 때문에 직구의 이동 경로는 자연스러운 낙하 궤도보다 조금 위쪽에 있습니다. 백스핀이 강하면 일반적인 직구보다 낙차가 적은 공이 되고, 백스핀이 약하면 투심 패스트볼이나 포크볼같이 직구보다 낙차가 큰 공이 됩니다.

강력한 백스핀을 통해 위로 휘게 한다

여기에 위쪽으로 휘는 변화구에 대한 답이 있습니다. 즉 일반적인 직구보다 강하게 백스핀을 걸어서 중력을 거스를 만한 힘을 주면 공의 진행 방향이 위로 변하게 됩니다. 이때 구속이 빠를수록 마그누스효과와 관련된 공기의 유속이 커져 변화량도 커져요. 공기의 유속을

키워드 ❶

마그누스효과
회전하는 구체뿐만 아니라 원기둥형 물체가 회전하는 경우에도 일어난다.

키운다는 점에서 맞바람도 변화량을 크게 만듭니다.

야구공은 145g이니까 1.42N의 중력을 받습니다. 공이 이걸 거슬러서 위로 10cm 휘게 하려면 시속 150km로 매초 140회전, 시속 200km로 매초 110회전이 필요합니다. 공이 빠를수록 필요한 회전수가 줄어든다는 계산이 나와요.

최근 프로야구 선수의 직구 회전수(❷)를 측정하는데, 백스핀 회전수가 매분 2500회전(매초 41.6회전)인 투수가 많으며 가장 높은 회전수라야 매분 2700회전(매초 45회전) 정도입니다. 현실에서 '위로 휘는 변화구'에 필요한 회전수를 실현하기란 아주 어려워 보입니다.

> **키워드 ❷**
>
> 회전수
> 최근 직구나 변화구의 회전수를 측정하는 기기가 개발되어 많은 구단이 도입하고 있다. 고성능 탄도 측정기의 기술을 응용해 도플러 레이더를 쓴다.

커브볼이 휘는 원리

공이 휘는 것은 물리적 현상이다

커브볼같이 좌우로 휘는 변화구는 회전에 따라 마그누스효과가 생긴 결과다.

위에서 본 그림

타자

왼쪽으로 돈다

왼쪽으로 휜다

투수

마그누스효과에
따른 힘

위로 휘는 변화구에 필요한 구속과 회전수

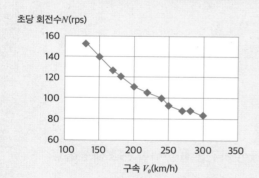

초당 회전수 N(rps)

구속 V_0(km/h)

'올라가는 변화구'는 속도와 회전수가 결정한다

위쪽으로 휘는 변화구를 던지려면 공 위쪽 공기의 유속이 어느 정도까지 도달해야 한다. 그래서 구속과 회전수는 반비례 관계다.

결론

물리적으로 위로 휘어질 수 있어도
인간의 체력으로는 어려워요.

3

지구를
한 바퀴 도는
초대형 홈런을
칠 수 있을까?

핵심
• 지구 둘레를 도는 데 필요한
  속도를 제1우주속도라고 한다
• 공기가 문제를 일으킨다

타자가 친 공이 지구를 한 바퀴 도는 데
필요한 속도는?

야구에서 초인적인 힘으로 홈런을 쳤을 때 이론상 공은 어디까지 날아갈 수 있을까요? 만화처럼 공이 지구를 한 바퀴 도는 초대형 홈런을 치려면 어느 정도의 속도가 필요할까요?

프로 선수가 치는 홈런 공은 시속 150km를 넘는 경우가 많으며 역사상 가장 빠른 타구는 시속 200km 정도였다고 합니다. 그러나 이렇게 빠른 공도 200m쯤 날아가고 나면 떨어지고 맙니다.

공이 떨어지지 않고 계속 날아가게 하려면 어느 정도의 속도가 필요할까요? 지면과 수평을 이루며 날아가는 공은 중력의 영향을 받아

서서히 떨어집니다. 그러나 어떤 속도를 넘으면 원심력과 인력이 균형을 이루어서 지면에 닿지 않게 됩니다. 이때 속도를 지구의 반지름과 질량으로 구할 수 있으며 대략 **초속 7.9km**(시속 2만 8476km)입니다. 공이 이 속도를 넘기며 수평으로 날아가면 지구 둘레를 계속 빙빙 돕니다. 이 속도를 '제1우주속도❶'라고 합니다.

간단히 말해, 정지해 있는 공을 질량이 큰 배트로 때린다고 합시다. 이때 배트는 타구 속도의 절반 정도로 휘둘러야 합니다. 초속 3.95km로 하지요. 만약 타구를 더 빠르게 하면 어떻게 될까요? '제2우주속도'라고 하는 **초속 11.2km**(시속 4만 320km)를 넘으면 타구가 지구의 인력을 벗어나 우주로 날아갑니다. 그리고 지구를 비롯한 행성과 마찬가지로 태양의 인력에 붙들려서 태양 주위를 도는 궤도에 안착합니다. 한편 태양의 인력도 뿌리치는 '제3우주속도'는 **초속 16.7km**(시속 6만 120km)입니다.

지구를 한 바퀴 도는 데 제1우주속도로는 부족하다

첫 번째 속도로 돌아가 봅시다. 초속 3.95km 이상으로 배트를 휘둘러 제1우주속도로 공을 날려도 실제로는 대기 속에 있으니까 공

키워드 ❶

제1우주속도

초속 7.9km는 고도를 해발 0m로 제한한 조건의 이론상 속도다. 고도가 올라가면 지구를 도는 데 필요한 속도가 떨어지기 때문에 인공위성만 해도 이보다 느리게 돌고 있다.

기저항 때문에 속도가 줄어듭니다. 그래서 공이 지구를 돌게 하려면 공기저항이 적은 대기 바깥으로 날려야 합니다. 대기가 없는, 고도 100km 이상으로 타구를 올려 보내는 겁니다.

그런데 실은 우주에 도달하기 전에 문제가 있습니다. 초속 7.9km가 마하 23을 넘기 때문입니다. 물체가 이 속도로 날아가면 그 앞쪽 공기가 단열압축❷이라는 현상에 따라 뜨거워지기 때문에 내열성이 뛰어나지 않은 물체는 불타 버려요. 게다가 공뿐만 아니라 배트도 속도가 마하 11 이상입니다. 열에 약한 나무 배트로는 공을 칠 수도 없을 거예요.

계산상으로야 지구를 한 바퀴 돌고 오는 타구도 있겠으나 불에 타거나 부러지지 않는 공과 배트를 준비해야 합니다.

타자가 친 공이 지구를 한 바퀴 돌게 하려면

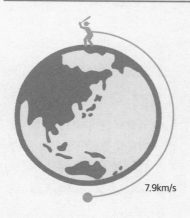

7.9km/s

원심력과 중력이 균형을 이루면 공이 계속 날아간다

타자가 친 공이 제1우주속도인 초속 7.9km 에 도달하면 공의 원심력이 중력과 균형을 이루어 공이 지표면에 떨어지지 않고 계속 날아간다.

제1우주속도 구하기

만유인력상수: G
지구의 질량: M
지구의 반지름: R
이렇게 정할 때 속도 v로 나는 질량 m인

물체의 원심력은 $\dfrac{mv^2}{R}$

물체에 작용하는 중력은 $\dfrac{GmM}{R^2}$

이 둘이 같은 경우를 생각하니까

$$\dfrac{mv^2}{R} = \dfrac{GmM}{R^2}$$

$$mv^2 = \dfrac{GmM}{R}$$

$$v^2 = \dfrac{GM}{R}$$

$$v = \sqrt{\dfrac{GM}{R}}$$

$G = 6.67 \times 10^{-11} \mathrm{m}^3\ \mathrm{kg}^{-1}\ \mathrm{s}^{-2}$
$M = 5.97 \times 10^{24} \mathrm{kg}$
$R = 6.36 \times 10^6 \mathrm{m}$

계산하면
$v = 7910 \mathrm{m/s} = 7.91 \mathrm{km/s}$
가 된다.

결론

불타지 않는 공이라면
계속 날아갈 수 있어요.

4

몸무게가
가벼워야
높이 뛸 수 있을까?

핵심

• 역학적 에너지보존법칙
• 이론상 질량이 반으로 줄 때
  점프 높이는 세 배가 된다

높이 뛸 때 필요한 에너지

배구나 농구 등 높이가 중요한 경기에서는 선수의 키와 더불어 점프력이 중요합니다. 미국프로농구(NBA) 선수들은 몸무게(질량)가 100kg을 넘는데도 100cm 이상 뛰기도 합니다.

만약 질량이 줄어들면 더 높이 뛸 수 있을까요?

사람이 어느 높이까지 뛰어오를 때 필요한 에너지는 역학적 에너

키워드 ❶

역학적 에너지보존법칙
물체의 운동에너지와 중력에 따른 퍼텐셜에너지
의 합은 어떤 상태에서도 늘 일정하다는 법칙.

114

에너지와 같습니다. 따라서 질량이 100kg인 사람이 1m 높이로 뛰어
오를 때 필요한 에너지는 질량(kg)×중력가속도$(9.8m/s^2)$=980J이에요.
다만 간단한 계산이 되도록 1m 점프는 질량중심이 1m 올라가는 것
으로 하겠습니다.

이 에너지가 뛰어오를 때의 운동에너지와 같습니다. 운동에너지
는 중량을 m, 속도를 v로 할 때 $\frac{1}{2}mv^2$이니까, 1/2×100kg×v^2=980J입
니다. 계산상 100kg인 사람이 1m 뛰어오를 때 필요한 속도는 초속
4.4m 정도 되네요. 거꾸로 말하면, 지면을 박차고 나서 바로 이 속도
에 도달하면 1m 높이까지 뛸 수 있다는 뜻입니다.

이때 필요한 힘은 일(❷)과 에너지의 관계에서 구할 수 있습니다.
어떤 물체를 움직이는 일은 **움직인 거리와 물체에 가해진 힘(뉴턴)
의 곱**입니다. 점프는 웅크린 자세에서 다리를 뻗어 중심을 들어 올리
는 일을 해서 몸에 운동에너지를 줍니다. 중심을 1m 들어 올린다면
980J=힘×1m라는 식을 통해 힘을 980N=100kgf(❸)으로 어림잡을 수
있어요. 여기에 늘 더해지는 중력 980N을 더하면 1960N=200kgf이
됩니다.

만약 질량이 50kg인 사람이라면 필요한 속도는 똑같이 초속
4.4m이지만 에너지는 절반만 필요해 980N=100kgf이 되겠지요. 즉

일

물리학에서 말하는 일이란 물체에 힘을 더해
움직이는 것으로서 이동 방향에 더해진 힘×움
직인 거리로 구할 수 있다. 단위는 줄(J)이다.

kgf(킬로그램포스)

질량 1kg이 표준중력가속도하에서 받는 중
력의 크기를 1kgf라고 한다. 그리고 1kgf은
9.8N에 해당한다.

질량이 절반이 되면 절반의 에너지로 같은 높이에 닿을 수 있습니다.

질량이 절반이면 점프 높이는 세 배가 된다고?

그럼 질량이 50kg인 사람이 힘은 100kg인 사람과 같을 경우, 이 사람은 얼마나 높이 뛸 수 있을까요?

이 사람의 힘 1960N=200kgf 가운데 490N=50kgf은 중력을 거슬러 질량중심을 1m 들어 올리는 데 쓰이고 남은 1470N=150kgf이 가속에 쓰입니다. 그럼 1470N×1m=1470J인데, 이건 3m 높이의 퍼텐셜에너지에 해당합니다. 즉 3m 높이까지 뛸 수 있다는 뜻이죠.

만약 체중이 1000분의 1인 100g이라면 어떨까요? 이 경우 일이 대부분 가속에 쓰여서 198m 높이까지 뛸 수 있다는 계산이 나옵니다. 하지만 실제로 질량이 적은 사람은 근육도 적어서 질량이 큰 사람과 같은 힘으로 지면을 박차지는 못합니다.

높이 뛰는 데 필요한 에너지 계산

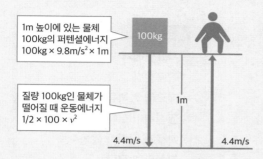

1m 높이에 있는 물체 100kg의 퍼텐셜에너지 100kg × 9.8m/s² × 1m

질량 100kg인 물체가 떨어질 때 운동에너지 1/2 × 100 × v^2

100kg

1m

4.4m/s   4.4m/s

높이 뛸 때의 힘과 떨어질 때의 힘은 같다

어떤 높이에서 떨어지는 물체의 최종 속도와 같은 속도로 뛰어오르면 같은 높이에 닿을 수 있다. 즉 무게와 상관없이 같은 속도로 뛰어오르면 높이가 같아진다.

몸무게가 절반일 때 높이는...

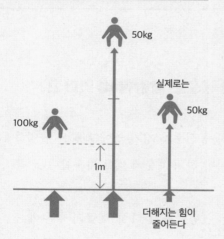

50kg

실제로는

50kg

100kg

1m

더해지는 힘이 줄어든다

몸무게가 절반이 되면 이론상 높이는 세 배가 되어야 한다

완전히 똑같은 힘을 더할 수 있다면 질량이 절반이 될 때 높이는 세 배가 된다. 그러나 몸무게가 가벼울수록 근육이 적기 때문에 뛰는 높이가 실제로는 큰 차이가 없다.

결론

가벼운 쪽이 높이 뛸 수 있지만 큰 차이는 없어요.

5

적도에서는 권투 선수가 몸무게를 줄이지 않아도 될까?

핵심
- 지표면에서 인체에 원심력이 작용한다
- 적도에 가까워질수록 원심력이 크다
- 하루의 길이가 짧을수록 원심력이 크다

아무것도 안 해도 '원심력'으로 감량할 수 있다고?

일반적인 다이어트와 달리 운동선수가 경기 전에 체중을 관리하는 감량은 근육을 손실하지 않아야 하기 때문에 매우 가혹합니다. 특히 권투 선수가 그렇습니다.

가장 가벼운 미니멈급에서 밴텀급까지 다섯 체급의 몸무게는 47.6~53.5kg으로 겨우 6kg 차이가 납니다. 선수들은 가능한 한 몸무게를 체급에 맞춰야 유리하기 때문에 경기 전 계체량 때 원하는 체급이 되도록 몸무게를 줄이지요. 식사와 수분 보충을 삼가고 땀을 흘리기 위해 달리거나 사우나를 하는 등 보통 사람은 상상하기 힘든 고생을 견딥니다. 권투 선수가 힘들이지 않고 몸무게를 줄일 방법이 없을까요?

권투 선수가 경기 전에 싸우는 상대인 몸무게에 관해 생각해 봅시다. 여기서 말하는 몸무게는 **질량×지구상의 중력**입니다. 질량(kg)이 아니라 힘(kgf)이라는 사실에 주의합시다. 이 중력은 행성이 표면의 물체를 끌어당기는 만유인력(❶)으로, 행성의 자전에 따라 생기는 '원심력' 때문에 일부가 없어집니다.

이 겉보기 중력의 세기는 언뜻 보기에 장소마다 다 다릅니다. 원심력은 회전축에서 멀어지고 회전 속도가 빨라질수록 강해요. 지구의 자전축과 수직을 이루며 가장 멀리 떨어진 적도에 가까울수록 원심력이 강해지기 때문에 겉보기 중력이 약하고, 북극점이나 남극점같이 자전축에 가까울수록 원심력이 약해지기 때문에 겉보기 중력이 강합니다.

이 원심력은 **질량×지축(자전축)에서 떨어진 거리×자전 각속도의 제곱**으로 구할 수 있어요. 이것으로 북극과 적도의 겉보기 중력을 계산하면, 북극에서 100일 때 적도에서는 98.97입니다. 1% 정도지만 무게가 분명히 가벼워져요. 53.5kgf의 밴텀급 선수가 535gf 가벼워지는 셈인데, 힘들이지 않는 감량이라고 할 수는 없겠네요.

키워드 ❶

만유인력

'중력'이라고도 한다. 문자 그대로 질량이 있는 모든 물질이 서로 끌어당기는 힘이다. 지상의 물체에도 지구를 끌어당기는 힘이 작용한다.

저절로 몸무게를 줄이는 방법이 있다고?

그럼 원심력을 더 크게 해서 겉보기 중력을 줄이면 어떨까요? 극단적인 예지만, 지구의 자전주기가 국제우주정거장(❷)과 거의 같은 84분이라면 몸무게는 0kgf가 됩니다.

이렇게 원심력을 키우는 방법이라면 60kgf인 선수가 53.5kgf 밴텀급에 도전할 수도 있지 않을까요? 몸무게가 60kgf인 선수가 이 도전에 성공하려면 현재 자전 속도의 33%로, 즉 하루를 여덟 시간 정도로 만들면 된다는 계산이 나옵니다.

그런데 지금까지 한 이야기에 중대한 결함이 있어요. 몸에 더해지는 중력을 재는 일반적인 체중계로 체급을 판별하지 않습니다. 권투 계체량에 쓰이는 체중계는 추와 체중을 천칭으로 비교하는데, 겉보기 중력을 줄인다지만 몸무게뿐만 아니라 추의 무게도 줄 테니까 측정값은 자전을 빠르게 하기 전과 다르지 않습니다. 결국 지금처럼 몸무게를 줄인 뒤 경기에 나서야 해요. 이게 바로 권투의 묘미라고 할 수도 있겠습니다.

키워드 ❷

국제우주정거장(ISS)
세계 각국이 손잡고 운용하는 연구 시설. 지상 400km 상공에서 초속 7.7km로 거의 90분마다 지구를 한 바퀴 돈다. 중력과 원심력이 거의 같아서 정거장 내부는 무중력 상태다.

중력과 몸무게의 관계

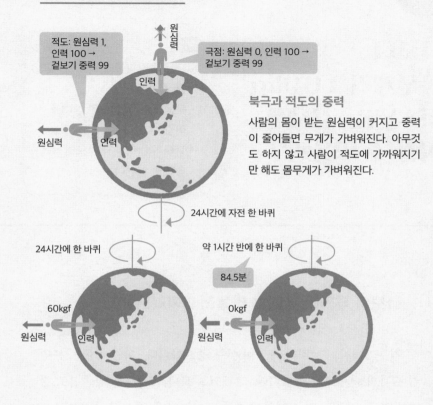

적도: 원심력 1, 인력 100 → 겉보기 중력 99

원심력

인력

극점: 원심력 0, 인력 100 → 겉보기 중력 99

원심력

인력

북극과 적도의 중력
사람의 몸이 받는 원심력이 커지고 중력이 줄어들면 무게가 가벼워진다. 아무것도 하지 않고 사람이 적도에 가까워지기만 해도 몸무게가 가벼워진다.

24시간에 자전 한 바퀴

24시간에 한 바퀴

약 1시간 반에 한 바퀴

84.5분

60kgf

원심력

인력

0kgf

원심력

인력

지구의 회전 속도
지구에서 원심력은 지구 자전의 각속도가 빨라질수록 커진다. 적도 위라면, 하루가 24시간인 지구에서 60kgf인 사람이 하루가 84분인 지구에서는 0kgf가 된다.

결론

**하루의 길이가 84분이라면
몸무게는 0kgf가 돼요.
그래도 권투 선수는 몸무게를 줄여야 해요.**

6

나보다 몸무게가 100kg 더 나가는 상대를 이길 수 있을까?

핵심

· 운동량은 질량과 속도에 따라 결정된다
· 운동량이 더 많으면 상대를 이길 수 있다
· 질량이 늘어나지 않으면 속도를 올린다

나보다 무거운 상대와 맞붙어 이기려면?

격투기에서는 체격과 체중이 아주 중요합니다. 체중 차이는 분명히 결과의 차이로 드러납니다. 그래서 유도나 레슬링은 체중별로 경기를 하고, 권투는 더 자세하게 체급을 나눕니다. 유도나 스모(일본 씨름)의 이상을 표현한 '부드러움이 강함을 이긴다'는 말이 있는데, 실제로는 역시 체중이 더 나가는 쪽이 유리합니다.

키워드 ①

거한 역사

스모 역사상 체중이 가장 많이 나간 상위 선수는 하와이 출신 고니시키 야소키치다. 285kg까지 나간 그는 요코즈나 다음 등급인 오제키까지 올라갔으며 1997년에 은퇴한 뒤 연예인으로 활동했다.

그런데 격투기 중 스모는 체중이나 체격에 따른 구분이 없습니다. 200kg을 넘는 거한 역사(❶)가 있나 하면 100kg 남짓한 가벼운 역사도 적지 않습니다. 몸집이 작은 역사가 자신보다 100kg 더 나가는 상대를 이기려면 특별한 기술을 써야 할까요? 작은 역사가 큰 역사와 정면으로 부딪쳐 이길 수 있을지를 생각해 봅시다. 이제부터는 질량을 가지고 이야기하겠습니다.

두 물체가 맞부딪쳤을 때 어느 쪽이 '밀어내는가'는 물체의 운동량(❷)으로 결정됩니다. 운동량은 **질량(kg)과 속도(m/s)의 곱**으로 구할 수 있습니다. 즉 체중(질량)이 무거우면 상대보다 운동량이 많아지기 쉽기 때문에 이기는 겁니다. 그러니 질량 면에서 불리한 쪽이 스모에서 운동량으로 이기려면 경기를 시작하려고 일어선 순간 속도를 높이는 수밖에 없습니다.

요코즈나보다 빠르면 이길 수 있을까?

경기를 시작하려고 일어설 때 속도를 보면, 요코즈나(프로 스모 선수 중 최고위) 하쿠호 쇼가 초속 4m이며 그보다 앞선 세대인 다이요코즈나(요코즈나 가운데 특별히 뛰어난 사람의 칭호) 지요노후지는 초속 3.9m

키워드 ❷

운동량
물체의 운동량은 속도가 빠르고 질량이 클수록 커진다. 속도(m/s)와 질량(kg)을 곱해 kg·m/s로 나타낸다.

라고 합니다. 이렇게 뛰어난 선수들은 시작하려고 일어설 때 속도 차이가 거의 없으니까, 우리는 초속 2m 정도로 운동 능력이 평범한 사람을 예로 생각해 봅시다.

질량이 60kg인 사람 '갑'이 160kg인 '을'과 맞붙어 서로 밀어내는 상황이에요. 양쪽이 초속 2m로 맞붙으면 갑의 운동량은 120kg·m/s가 되어 을의 운동량(320kg·m/s)에 압도당합니다. 그래서 갑이 이기려면 일어설 때 속도를 초속 5.35m로 올려야 해요. 그럼 을의 운동량보다 1kg·m/s 많아져서 어떻게든 밀어낼 수 있을 겁니다.

그런데 이 정도라면 앞서 말한 다이요코즈나들의 속도보다 30% 빠른 것으로 상당한 훈련이 필요합니다. 요코즈나 하쿠호를 이기려면 어느 정도의 속도가 필요할까요?

앞서 말한 대로 일어설 때 속도가 초속 4m인 하쿠호는 질량이 155kg이고 운동량이 620kg·m/s입니다. 60kg인 갑이 상대보다 1kg·m/s만큼이라도 운동량에서 앞서려면 초속 10.35m라는 속도가 필요합니다. 이것은 하쿠호보다 2.5배쯤 빠른 속도로서 우사인 볼트가 100m 달리기 세계기록을 세웠을 때 평균 속도에 맞먹습니다. 결국 스모 경기에서 최고의 선수를 밀어내고 이기려면 처음부터 100m 달리기 국가 대표가 될 만한 속도를 낼 수 있어야 해요.

운동량=질량×속도

경기의 승패는 운동량이 좌우한다

기술이나 변화 등 다른 요소를 빼고 힘겨루기만 생각하면 질량과 속도의 곱인 운동량이 큰
쪽이 이긴다.

스포츠

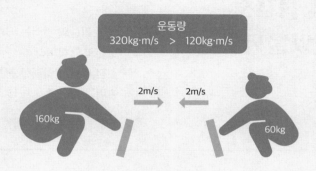

운동량
320kg·m/s > 120kg·m/s

2m/s 2m/s

160kg

60kg

질량m(kg)	속도(m/s)	운동량(Ns)
160	2	320
60	2	120

질량m(kg)	속도(m/s)	운동량(Ns)
160	2	320
60	5.35	321

질량이 더 나가는 상대는 속도로 이긴다

질량 면에서 불리할 경우 속도가 충분히 빠르
면 운동량으로 이길 수 있기 때문에 질량이 무
거운 상대도 밀어내서 이길 수 있다.

결론

질량 면에서 불리해도
속도가 더 빠르면 밀어내서 이길 수 있어요.

7

피겨스케이팅에서 7회전 점프를 할 수 있을까?

> **핵심**
> • 회전 기술의 열쇠는 각운동량 보존의 법칙이다
> • 회전 수를 더하려면 점프 높이를 키운다

해가 갈수록 늘어나는 회전 수의 한계는?

빙상에서 화려한 연기를 펼치는 피겨스케이팅은 우아함 속에 엿보이는 뛰어난 체력이 큰 매력입니다. 그중에서도 높고 아름다운 회전 점프 기술은 가장 큰 볼거리라고 할 수 있지요. 이 기술이 그야말로 나날이 발전하고 있습니다. 한 세대 전쯤에는 3회전 점프도 놀라운 기술로 여겨졌는데, 지금은 4회전 점프를 당연시하며 5회전 점프가

키워드 ①

각운동량

회전하는 물체의 운동량을 나타내는 물리량이며 질량×회전 속도×회전축에서 떨어진 거리로 구한다. 회전하는 물체의 각운동량은 외부에서 힘을 더하지 않는 한 일정하게 보존된다. 이것이 각운동량 보존의 법칙이다.

등장하는 날도 멀지 않다고 이야기합니다. 그럼 물리적으로는 몇 회전 점프까지 가능할까요?

피겨스케이팅 선수는 회전 점프를 할 때 회전 속도를 높이기 위해 팔과 다리를 가능한 한 회전축에 가깝게 붙입니다. 이때 회전하는 물체의 '운동량'은 각운동량❶이라는 물리량으로 측정합니다. 각운동량은 **회전 물체(중심)**의 회전축❷**에서 떨어진 거리(피겨스케이팅 선수가 팔을 뻗었을 때의 길이)와 물체의 질량과 회전 속도의 곱**입니다. 그리고 물체의 외부에서 회전을 변화시키려는 힘이 더해지지 않으면 각운동량이 변하지 않는다는 물리법칙이 있어요.

각운동량이 같은 경우 회전하는 선수가 팔을 뻗을 때보다는 접어서 가슴에 붙일 때 회전 속도가 빨라집니다. 이건 스핀 기술을 보면 잘 이해할 수 있습니다. 팔다리를 옆으로 뻗고 회전하는 상태에서 팔다리를 몸 쪽으로 끌어당기거나 팔을 위로 곧게 뻗으면 회전 속도가 급격히 빨라지지요. 이것이 각운동량 보존의 법칙입니다.

7회전 점프가 가능할까?

실제로 피겨스케이팅 선수가 4회전 점프를 할 때 힘은 어느 정도

키워드 ❷

회전축
물체가 회전운동을 할 때 그 중심이 되는 직선이다. 각운동량 보존의 법칙은 이 회전축 방향에 대해서도 성립하기 때문에, 외부에서 힘을 더하지 않는다면 회전축도 변하지 않는다.

일까요? 가장 쉽다는 토루프 점프로 알아봅시다.

　예를 들어, 체공 시간 0.77초에 73cm 높이로 4회전 점프를 하는 선수가 있습니다. 팔의 중심과 회전축 사이 거리가 20cm쯤 되는데, 모아 붙였을 때 팔의 굵기나 어깨의 폭으로 이 거리를 더 짧게 하기는 어렵기 때문에 고정된 값으로 하겠습니다.

　이 선수의 점프력과 회전 속도가 10% 좋아져서 체공 시간이 0.85초로 늘어나면 높이는 80.3cm, 공중에서 4.47회전을 할 수 있다는 계산이 나와 거의 4회전 반이 됩니다. 현재 하는 4회전과 같은 속도로 5회전을 하려면 110cm 정도 높이로 점프해야 하는데, 기술과 체력의 향상을 고려할 때 5회전이 현실적인 범위에 들어온다고 할 수 있겠지요.

　이 선수의 점프 높이와 회전 속도가 동시에 늘어날 경우 6회전은 110cm, 7회전은 거의 130cm, 10회전은 무려 180cm의 점프가 필요하다는 계산입니다. 서전트 점프 세계기록이 130cm 정도니까, 10회전은 역시 무리지만 도움닫기를 통해 7회전은 할 수 있겠네요. 물론 선수의 능력을 키워야 하고, 아름다움과 착지 성공은 제쳐 둘 경우입니다.

각운동량

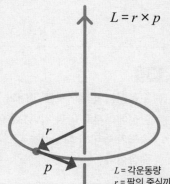

$$L = r \times p$$

각운동량은 회전의 '운동량'

피겨스케이팅 선수의 팔이라는 물체의 각운동량
은 회전축에서 팔의 중심까지 길이에 팔의 회전
속도와 질량을 곱한 것이다.

L = 각운동량
r = 팔의 중심까지 길이
p = 팔의 운동량(팔의 회전 속도×팔의 질량)

체력을 키우면 회전 수도 늘릴 수 있다

73cm 높이 점프로 4회전을 할 수 있는 선수가 다음 표처럼 체력을 키우면 회전 수 p를 늘
릴 수 있다. 피겨스케이팅에서는 점프에 앞서 비트는 동작으로 회전 수를 늘리기 때문에
높이는 각운동량을 계산할 때보다 조금 낮게 나온다.

L : 높이	r : 길이	p : 회전수	능력(%)
73cm	20	4	100
91.25cm	20	5	125
109.5cm	20	6	150
127.75cm	20	7	200
182.5cm	20	10	250

결론

체력이 좋아지면
7회전까지는 할 수 있어요!

8

장대높이뛰기로 10m 높이의 건물을 뛰어넘을 수 있을까?

핵심

· 도움닫기의 에너지를 장대의 탄성에너지로 바꿔 뛰어오른다
· 속도가 높이의 최댓값을 결정한다

장대높이뛰기의 핵심은 에너지 전환이다

2024년 기준으로 장대높이뛰기 세계기록은 스웨덴의 듀플랜티스 선수가 세운 6.26m입니다. 이는 일반 주택의 2층 지붕을 가볍게 뛰어넘는 높이입니다. 그럼 장대높이뛰기로 3층 건물 높이에 해당하는 10m도 넘을 수 있을까요?

어떻게 하면 장대높이뛰기로 높이① 뛸 수 있을까요? 세계적인

키워드 ①

장대높이뛰기로 높이

장대높이뛰기에서는 땅을 박차고 뛰어오를 때 위가 아닌 앞으로 뛰는 힘을 이용해서 장대를 구부리고 원래 상태로 돌아가려는 장대의 힘을 이용해 뛰어오른다.

선수에게 이렇게 물어보면 도움닫기 요령이나 장대를 쓰는 방법 같은 기술, 장대의 종류(❷), 운동장의 상태를 비롯해 갖가지 상황과 집중력 같은 정신적 요소에 이르기까지 다양한 답을 줄 겁니다.

우리는 도움닫기의 속도라는 물리적인 면에 주목해 봅시다. 장대 높이뛰기를 관찰해 보면 일정한 순서가 있다는 것을 알게 됩니다.

도움닫기 ⇨ 달린 힘으로 장대를 구부림 ⇨ 반발력을 이용해 뛰어오름

즉 장대높이뛰기 선수는 도움닫기로 얻은 운동에너지를 장대의 탄성에너지로 바꾸고 이를 다시 퍼텐셜에너지로 바꿔서 뛰어오릅니다. 이런 이치대로라면 도움닫기의 속도가 빨라질수록 높이 뛸 수 있습니다.

얼마나 빨라야 10m 높이 건물에 닿을 수 있을까?

에너지보존법칙(❸)에 따라 물체, 즉 선수의 몸에 있는 에너지는 보존됩니다. 따라서 도움닫기로 얻은 운동에너지와 장대가 가장 크게 휘었을 때의 탄성에너지, 선수의 몸이 가장 높이 올랐을 때의 퍼텐

키워드 ❷

장대의 종류
예전에는 장대(폴)를 나무로 만들었으며 기록이 2~3m 정도였다. 대나무나 유리섬유 같은 것으로 장대의 소재가 진화하면서 기록도 극적으로 향상했다.

키워드 ❸

에너지보존법칙
물체의 에너지는 형태를 바꾸면서 보존된다. 장대높이뛰기에서는 속도로 얻은 운동에너지가 장대가 휘면서 생기는 탄성에너지, 선수의 퍼텐셜에너지로 형태를 바꾼다.

셜에너지가 같습니다. 즉 가장 높은 지점의 퍼텐셜에너지를 알면 도움닫기에 필요한 속도를 계산할 수 있어요.

한번 계산해 봅시다. 선수가 10m까지 올랐을 때 퍼텐셜에너지는 **질량 m과 중력가속도 g, 높이 h의 곱**입니다. 한편 질량이 m인 선수가 도움닫기를 해서 얻을 수 있는 운동에너지는 도움닫기 속도를 v라고 할 때 $\frac{1}{2}mv^2$이 됩니다.

탄성에너지는 도움닫기의 운동에너지를 전부 받아 퍼텐셜에너지로 전달하는, 다리를 놓는 구실을 합니다. 우리는 도움닫기에 필요한 속도 v를 구한다는 목표에 집중해 봅시다.

앞서 말했듯이, 퍼텐셜에너지와 운동에너지가 같아서 $mgh=\frac{1}{2}mv^2$이 되고 여기에 지상에서 일반적인 중력가속도 g=9.8m/s^{2}와 가장 높이 도달한 지점의 높이 h=10m를 넣으면 속도 v가 초속 14m로 나옵니다. 즉 장대높이뛰기로 10m에 닿으려면 초속 14m라는 도움닫기 속도가 필요하네요.

이 속도는 시속으로 50.4km입니다. 100m 달리기를 무려 7초에 해내는 속도예요. 우사인 볼트의 100m 달리기 세계기록이 9.58초니까 7초를 실현하기란 상당히 어려워 보입니다. 게다가 장대를 손에 들고 뛰어야 한다면 더 어렵겠지요. 만약 이런 속도를 실현할 수 있는 선수가 나타난다면 분명 장대높이뛰기는 물론이고 다른 육상 종목의 세계기록도 다 새로 세울 겁니다.

에너지 전환: 운동 → 탄성 → 위치

위로 뛰는 데 필요한 것은 탄성에너지

장대높이뛰기에서는 도움닫기를 끝낸 선수가 앞으로 먼저 뛴다. 도움닫기에서 얻은 힘으로 구부린 장대가 최대한 휜 지점에서 반발력, 즉 탄력을 이용해 위로 뛰어오른다.

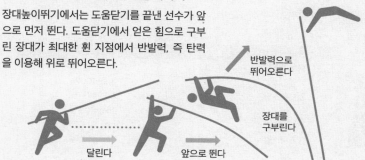

반발력으로 뛰어오른다

장대를 구부린다

달린다

앞으로 뛴다

속도를 반발력으로, 반발력을 높이로 바꾼다

장대높이뛰기에서 에너지는 운동에너지에서 탄성에너지, 퍼텐셜에너지로 형태를 바꾸면서 보존된다. 에너지의 총합은 늘 일정하다.

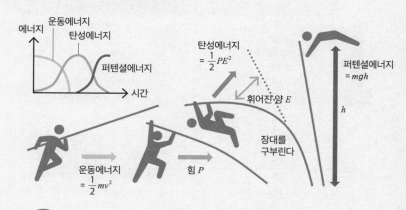

에너지

운동에너지

탄성에너지

퍼텐셜에너지

시간

탄성에너지 $= \frac{1}{2}PE^2$

휘어진 양 E

퍼텐셜에너지 $= mgh$

h

장대를 구부린다

운동에너지 $= \frac{1}{2}mv^2$

힘 P

결론

도움닫기의 속도로 높이가 결정돼요!
100m를 7초에 달리면 성공할지도 몰라요.

단위 표 3

압력, 에너지·일·열량, 속도의 단위가 아래와 같다.
※녹색으로 나타낸 단위는 비국제단위다.

압력의 단위

	이름	기호	환산
작음	파스칼	Pa	$1Pa=1N/m^2$
	헥토파스칼	hPa	$1hPa=100Pa$
	밀리바	mb	$1mb=100Pa$
	킬로파스칼	kPa	$1kPa=10^3Pa$
	바	bar	$1bar=10^5Pa$
	표준대기압(기압)	atm	$1atm=101325Pa$
큼	메가파스칼	MPa	$1MPa=10^6Pa$

에너지·일·열량의 단위

	이름	기호	환산
적음	전자볼트	eV	$1eV=e\times1V=1.602\times10^{-19}J$
	에르그	erg	$1erg=1gcm^2/s^2=10^{-7}J$
	줄	J	$1J=1N\cdot m=1kg\cdot m^2/s^2$
	칼로리(열역학)	cal_{th}	$1cal_{th}=4.184 J$
	킬로줄	kJ	$1kJ=10^3J$
	킬로칼로리(열역학)	$kcal_{th}$	$1kcal_{th}=4184 J$
	메가줄	MJ	$1MJ=10^6J$
	킬로와트시	kWh	$1kWh=1kW\times h=3.6\times10^6 J$
많음	톤(TNT화약)	tTNT	$1tTNT=1Gcal_{th}=4.184\times10^9 J$

속도의 단위

	이름	기호	환산
느림	미터매시	m/h	$1m/h=1.67\times10^{-2}m/min=278\times10^{-4}m/s$
	미터매분	m/min	$1m/min=1.67\times10^{-2}m/s$
	킬로미터매시	km/h	$1km/h=0.278m/s$
	노트	kn,kt	$1kn=1852m/h=0.5144m/s$
	미터매초	m/s	
	킬로미터매분	km/min	$1km/min=16.7m/s$
	킬로미터매초	km/s	$1km/s=10^3m/s$
빠름	마하	M	$1M=340m/s(20℃,공기 중)$

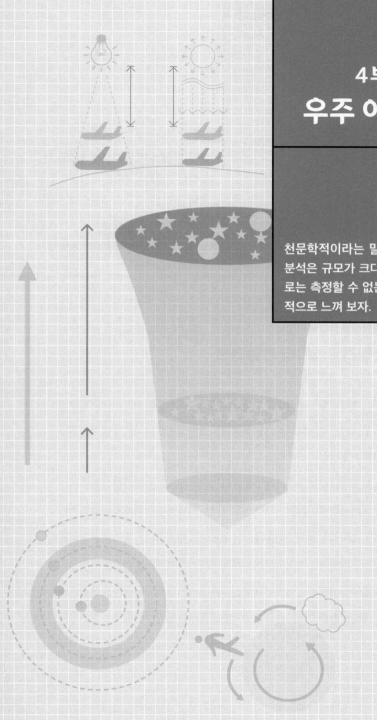

4부
우주 이야기

천문학적이라는 말이 있듯이 우주 분석은 규모가 크다. 지구의 상식으로는 측정할 수 없는 우주를 물리학적으로 느껴 보자.

1

달에 롤러코스터를 만들면 어떻게 될까?

핵심
- 달의 질량과 반지름으로 달의 중력을 구할 수 있다
- 달의 중력은 지구의 6분의 1 정도다

더 높은 롤러코스터를 만들려면

더 높이, 더 빠르게, 급가속, 회전, 공중회전. 롤러코스터는 인기 높은 놀이 기구지요. 좋아하는 사람은 더 스릴 넘치는 롤러코스터를 끊임없이 찾아다닙니다.

그러나 속도와 높낮이 차이에 제한이 없는 롤러코스터를 만들 수는 없습니다. 속도와 높이를 키우면 그만큼 가속도도 늘어나서 놀이 기구에 부하가 걸리기 때문입니다. 안전성을 생각하면 충분히 강한 소재가 필요하기 때문에 지상에서는 아무래도 한계가 있어요.

그럼 현재 쓰는 재료로 놀이 기구를 더 높게 만들 수 있는 장소가 없을까요? 그 답은 밤하늘을 올려다보면 찾을 수 있습니다.

지구와 가장 가까운 천체인 '달'의 중력(❶)이 지구보다 적다는 사실이 널리 알려져 있습니다. 중력이 적을수록 무게도 줄어들기 때문에 지구의 롤러코스터보다 더 높은 것을 만들어도 소재의 강도 면에서 문제가 없습니다. 다시 말해, 달이라면 지구에서보다 높거나 긴 롤러코스터를 만들 수 있습니다.

지구와 비교해 달의 지표면 중력은 얼마나 적을까요?

이에 대한 답은 '모든 질량 사이에 서로 당기는 힘이 작용한다'는 법칙에서 구할 수 있습니다. 달의 질량과 반지름으로 계산해 볼 때 달의 중력은 지구의 0.167배 정도로 6분의 1밖에 안 됩니다. 그래서 더 높은 롤러코스터도 만들 수 있어요.

달에 만든 롤러코스터는 얼마나 스릴 넘칠까?

높낮이 차이 97m, 경사각 68도, 시속 153km 등으로 일본에서 최고로 꼽히는 나가시마 스파랜드의 롤러코스터 '스틸드래곤 2000'을 그대로 달 표면에 옮겨 놓으면 어떻게 될까요?

대단히 안타까운 결과가 나옵니다. 지구에서는 최고 시속 153km에 이르렀지만, 달에서는 중력과 함께 중력가속도(❷)도 6분의 1이 되

키워드 ❶

중력

두 질량, 예컨대 행성과 그 표면에 있는 물체 사이에 작용하는 인력. 만유인력이라고도 한다. 물체에 작용하는 중력은 중력가속도와 물체의 질량을 곱한 값이다.

기 때문에 최고 시속 62km 정도밖에 안 되니까요.

그렇다면 최고 높이를 지구의 여섯 배, 582m로 하면 어떨까요? 달 표면에서는 중력이 약하니까 재료의 강도를 생각해도 건축할 수 있을 겁니다. 도쿄 스카이트리의 높이가 634m고 스카이트리 제2전망대의 높이가 450m니까, 그 중간쯤에서 떨어진다고 보면 됩니다.

이렇게 높아지면 고소공포증이 있는 사람에게는 더 공포스럽겠지요. 그런데 롤러코스터의 스릴이 어떨지는 모르겠습니다. 왜냐하면 최고 속도인 시속 153km에 도달하기까지 지구에서보다 여섯 배나 시간이 더 걸리는 만큼 천천히 가속하기 때문입니다.

그럼 짜릿한 롤러코스터를 타고 싶은 사람은 중력이 강한 별에 있는 편이 좋을 것 같습니다. 태양계에서는 목성의 중력이 지구 중력의 2.5배 정도 됩니다. 급가속, 급감속을 맛보기에는 목성이 좋겠습니다. 다만 이 정도 스릴을 맛보려면 강해진 중력을 견딜 수 있도록 몸을 충분히 단련해야 합니다.

<table>
<tr><td>키워드 ②</td></tr>
</table>

중력가속도

가속도란 단위시간당 속도의 변화율이다. 특히 중력에 따라 생기는 가속도를 중력가속도라고 하며 지구상에서는 약 $9.8m/s^2$이다. 어디서나 같지는 않고 고도나 자전의 영향 등을 받아 최대 0.7% 정도 차이가 난다.

중력의 법칙

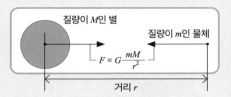

질량이 M인 별

질량이 m인 물체

$$F = G \frac{mM}{r^2}$$

거리 r

F: 중력의 크기
G: 중력상수
($6.67259 \times 10^{-11} \text{m}^3\text{s}^{-2}\text{kg}^{-1}$)

행성 자체 질량의 크기가 중력의 강도에 비례한다

두 질량 사이에는 중력이 작용한다. 거리 r은 중심(별의 중앙)에서 떨어진 정도를 나타내기 때문에 같은 질량이라면 별의 반지름이 길어질수록 중력이 약해진다.

지구에서

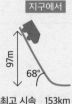

97m

68°

최고 시속　153km
가속도　　9.1m/s^2
낙하 시간　4.8초

달에서

97m

68°

최고 시속　62km
가속도　　1.5m/s^2
낙하 시간　11.8초

달에서(여섯 배 높이)

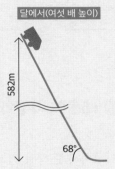

582m

68°

최고 시속　153km
가속도　　1.5m/s^2
낙하 시간　29초

달에서는 롤러코스터의 가속이 느리다

달에서는 중력가속도가 6분의 1로 줄기 때문에 같은 높이일 때 최고 속도가 절반 이하로 떨어진다. 높이를 여섯 배로 하면 같은 최고 속도에 도달하지만 낙하 시간이 지구에서보다 여섯 배나 더 든다.

결론

달 표면에 만든 롤러코스터는
더 높아도 스릴이 없어요.

2

달과 태양이 지금보다 두 배 멀어진다면 어떨까?

> **핵심**
> · 달의 기조력은 거리의 세제곱에, 태양의 일사량은 거리의 제곱에 반비례한다

달 때문에 지구의 자전 속도가 바뀌고 있다고?

지구에서 달까지 거리는 38만km 정도 됩니다. 지구에서 태양까지는 거의 1억 5000만km고요. 둘 다 지구 환경에 큰 영향을 미치는데, 이 거리가 절묘한 구실을 한다고 합니다. 만약 달과 태양까지 거리가 지금의 두 배라면 지구가 어떻게 변할까요?

달까지 거리가 두 배일 때부터 생각해 봅시다.

달이 지구 주위를 도는데, 달의 중력 때문에 매일 거의 두 번씩 해수면 높이가 올라가거나 내려갑니다. 이것이 바로 조석(밀물과 썰물)이고요, 조석을 일으키는 힘을 기조력(❶)이라고 합니다.

기조력 때문에 지구가 달 쪽과 반대쪽, 양쪽으로 당겨집니다. 지

140

구에는 바다가 있으니까, 해면이 달 쪽과 반대쪽, 양쪽으로 당겨지면서 바닷물이 부풀어 올라 밀물과 썰물이 생겨요. 기조력은 지구와 태양 사이에서도 작용합니다. 음력 그믐과 보름에는 달과 태양의 기조력이 합쳐져서 간만의 차가 가장 큰 사리가 됩니다.

두 기조력은 동시에 작용하는 한편 달의 기조력이 지구에 더 큰 영향을 미칩니다. 중력이 거리의 제곱에 반비례하는데, 기조력은 **거리의 세제곱**에 반비례하기 때문이에요. 즉 태양이 달보다 중력이 훨씬 크지만 거리가 너무 멀기 때문에, 지구에 미치는 영향은 달이 더 큽니다.

달의 기조력이 일으키는 중요한 현상이 또 있어요. 달의 기조력이 바닷물을 끌어당겨서 지구를 일그러뜨리기 때문에 지구에 제동이 걸려서 지구의 자전이 아주 조금씩이지만 느려진다는 사실입니다.

만약 달까지 거리가 지금의 두 배였다면 기조력은 8분의 1이 되니까, 지구의 자전 속도는 지금보다 빨랐을 겁니다. 하루가 24시간보다 짧다는 뜻이지요.

키워드 **①**

기조력

달이 지구에 조석(밀물과 썰물)을 일으키는 힘. 조석력이라고도 한다. 조석은 달에 가까운 부분과 먼 부분에서 달의 중력이 다른 크기로 작용하기 때문에 일어난다.

얼어붙은 지구! 인류는 존재하지 않는다!

그럼 태양까지 거리가 두 배라면 어떤 일이 벌어질까요?

태양과 지구 간 평균 거리(**약 1억 5000만km**)를 천문학에서는 1천문단위(AU)라고 합니다. 태양에서 화성까지가 1.5천문단위쯤 되고 태양에서 목성까지는 5천문단위입니다.

그리고 현재 지구처럼 항성으로부터 알맞게 떨어져 표면에 물이 있고 생명이 살 수 있는 영역을 골디락스 존(**❷**)이라고 합니다.

만약 태양과 지구가 지금보다 두 배 떨어졌다면 화성과 목성 사이에 지구가 있을 텐데, 그럼 당연히 일조량이 줄어듭니다. **태양의 일사량은 거리의 제곱에 반비례하니까, 일사량은 현재의 4분의 1이 되고 태양에너지도 크게 줄어듭니다.** 그럼 지구는 태양의 생명체 거주가능 영역에서 벗어나지요. 화성처럼 얼어붙어 인류는 말할 것도 없고 지구상의 많은 생명체가 절멸하게 됩니다.

키워드 ❷

골디락스 존(Goldilocks Zone)
우주에서 생명이 살아가기에 알맞은 영역. 구체적으로는 행성이나 위성의 표면에 물이 액체로 존재하는 온도대다. 태양계에서 생명체 거주가능 영역에 있는 행성은 지구뿐이다.

달의 기조력과 조석

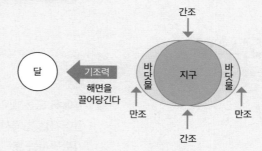

달의 기조력으로 지구가 끌어당겨져 부풀어 오른다

달의 기조력은 달과 지구를 잇는 직선을 따라 지구를 양쪽으로 끌어당긴다. 지면과 해면이 모두 끌어당겨지지만 해면 쪽 움직임이 크기 때문에 밀물과 썰물이 생긴다. 지구는 하루에 한 번 자전하니까 만조와 간조가 두 번씩 일어난다.

태양계의 생명체 거주가능 영역

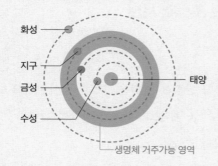

태양계에서 인류가 살 수 있는 곳은 지구뿐이다

태양계에서 생명 가능 지대에 있는 행성은 지구뿐이다. 금성은 태양에 너무 가까워서 평균기온이 400℃인 불타는 행성이다. 이와 달리 태양과 먼 화성의 평균기온은 영하 55℃로 얼어붙어 있다.

결론

하루가 훨씬 짧아질 거예요. 그리고 바다는 얼어붙겠지요.

로켓 창문으로
보는 풍경은
어떨까?

핵심

· 옆에서 오는 빛이 앞에서 보인다
· 멀어지는 별에서 왔는가,
  가까워지는 별에서 왔는가에
  따라 빛의 색이 변한다

거의 광속으로 비행하는 로켓에서는
'별 무지개'가 보인다

누구나 한 번쯤은 SF 영화처럼 광속에 가까운 속도, 즉 아광속으로 비행하는 로켓을 타고 우주여행을 해 보고 싶다고 생각할 겁니다. 그 로켓의 창문 밖 별은 어떻게 보일까요?

고속 주행 중인 차에서 보는 풍경처럼 별이 화살처럼 뒤로 흘러가지 않나 하고 상상할 수도 있습니다. 그런데 컴퓨터 시뮬레이션 결과, 아광속으로 이동하는 로켓에서는 진행 방향을 중심으로 별들의 색 분포가 동심원을 이루며 푸른색에서 붉은색으로 변해서 무지개처럼 보인다고 합니다. 이 별(star)의 무지개(rainbow)를 '스타보(starbow)'라고 합니다.

이 별 무지개는 '광행차(光行差)❶'와 '도플러 효과', 두 현상이 겹쳐
진 결과입니다. 그럼 고리 모양을 한 별 무지개가 보이는 이유를 하나
씩 살펴봅시다.

먼저 광행차란, 천체를 관측할 때 관측자가 이동하면 천체의 겉보
기 위치가 이동 방향으로 어긋나 보이는 현상을 가리킵니다. 예를 들
어, 빗속을 달리는 차에 있는 사람은 수직으로 내리는 비가 비스듬히
내리는 것처럼 보입니다. 하지만 빗속에 서 있는 사람은 비가 수직으
로 내리는 것처럼 보입니다. 이렇게 관측자가 앞쪽으로 이동하면 경
치가 앞쪽으로 모이는 것이 광행차입니다. 관측자의 이동 여부에 따
라 보이는 경치가 달라져요. 우주 공간을 비행한다면 어떨까요? 아광
속으로 우주 공간을 이동할 경우 옆에서 오는 별빛이 앞으로 모이는
것처럼 보입니다.

이렇게 주변 별빛이 앞쪽에 보이는 현상을 광행차로 설명할 수 있
었습니다. 그럼 빛이 무지개처럼 보이는 이유는 뭘까요?

키워드 ❶

광행차
빛의 속도가 유한해서 일어나는 현상으로 영국
의 천문학자 제임스 브래들리가 발견했다.

도플러 효과로 별빛이 무지개처럼 보인다

별빛이 무지개처럼 보이는 것은 도플러 효과 때문입니다. 구급차가 가까워지면 사이렌이 높아지고 구급차가 멀어지면 사이렌이 낮아지는, 소리의 도플러 효과가 많이 알려졌지요.

이 현상은 소리의 파장이 짧아지거나 늘어나면서 일어나는데, 빛도 파(波)의 한 종류라서 같은 현상이 일어납니다. 멀어지는 별빛은 도플러 효과로 파장이 길어지며 원래 노랗던 빛이 빨갛게 보입니다. 바로 '적색편이(赤色偏移)❷'라는 현상입니다. 이와 마찬가지로 가까워지는 별의 노란빛은 파장이 짧아져서 파랗게 보입니다. 이것은 '청색편이'지요.

우주를 아광속으로 비행하는 로켓에 도달하는 빛에도 같은 현상이 일어나 색이 변하는 것처럼 보입니다. 멀어져 가는 별빛은 빨갛게, 가까워지는 별빛은 파랗게, 그 사이에는 무지개처럼 빨강과 파랑의 중간 색이 늘어섭니다.

앞쪽에 동심원처럼 보인 별들의 빛은 어떨까요? 노란색 별이 많을 경우 중심 가까이는 파장이 가장 짧은 자외선이 있으며 바깥쪽으로는 파장이 짧은 순서대로 보라색, 남색, 파란색, 녹색, 노란색, 주황색, 빨간색이 늘어설 겁니다.

키워드 ❷

적색편이

멀어지는 천체에서 오는 빛의 파장이 길어지는 현상. 우주의 확장에 따라 멀리 있는 천체일수록 빠르게 지구에서 멀어지기 때문에, 적색편이의 양으로 그 천체에 이르는 거리를 측정할 수 있다.

이동하는 관측자에게 보이는 별의 위치

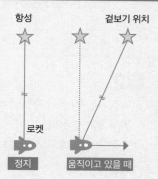

항성 겉보기 위치

로켓

정지 움직이고 있을 때

이동속도가 빠를수록 주변 경치가 앞에 있는 것처럼 보인다

정지하고 있을 때 바로 옆에 있는 별이 이동하면 앞에 있는 것처럼 어긋나 보인다. 이것이 광행차다. 관측자가 이동하는 속도가 빨라질수록 별은 앞에 있는 것처럼 어긋나 보인다.

빛의 도플러 효과

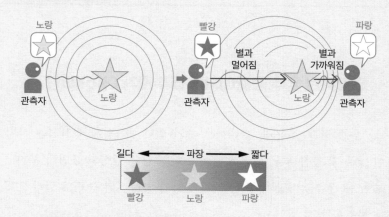

노랑 빨강 파랑

관측자 노랑

별과 멀어짐

관측자 별과 가까워짐

노랑 관측자

길다 ◄—— 파장 ——► 짧다

빨강 노랑 파랑

노란 별빛이 가까워질 때와 멀어질 때 다르게 보인다

관측자와 멀어지는 광원에서 나온 빛은 파장이 길어지고 가까워지는 광원에서 나온 빛은 파장이 짧아진다.

결론

아광속으로 비행하는 로켓에서는 별 무지개가 보여요!

4

우주에서 몸무게를 잴 수 있을까?

> **핵심**
> • 측정하는 장소의 중력에 따라 몸무게가 변한다
> • 질량은 어디에서나 변하지 않는다

무중력인 우주 공간에서는 몸무게가 0kg일까?

"우주 공간=무중력, 그래서 무게가 없다." 이렇게 생각하는 사람이 많을 것 같습니다. 그런데 달이나 화성 같은 행성의 표면이나 지구를 도는 우주정거장 내부 등으로 '장소가 달라지면 중력도 달라진다'는 사실을 알고 있나요?

중력이 저마다 다른 별이나 장소에서 몸무게를 잴 경우 지상에서 60kgf인 사람이 달에서는 10kgf, 화성에서는 20kgf가 됩니다. 그리고 무중력❶인 우주정거장에서는 일반적인 체중계로 재도 체중계 바늘이 0을 가리킬 뿐입니다. 오랫동안 우주에 머무는 우주 비행사들의 건강을 관리하려면 몸의 질량을 재는 것이 중요한데, 무중력인 우주정거장에서 이 일을 어떻게 하고 있을까요?

이야기를 시작하기 전에 질량과 무게의 관계부터 이해해야 합니다. 물체의 무게, 즉 중량은 물체에 작용하는 중력의 크기입니다. 무게는 힘이며 킬로그램포스(kgf)나 뉴턴(N)을 단위로 잴 수 있지요. 이때 물체에 작용하는 중력은 질량❷×중력가속도로 나타냅니다. 이것이 지구에서는 질량과 지구의 중력가속도 $9.8m/s^2$이고, 질량 60kg인 물체의 무게는 588N(60kgf)으로 나타냅니다. 달에서는 중력가속도가 $1.6m/s^2$이니까, 무게는 96N(9.8kgf)이 됩니다.

그런데 보통 생활에서 의식하지 않는 질량이란 대체 뭘까요? 질량은 물체 자체에 있는 값으로서 우주 공간이든 중력이 지구의 6분의 1밖에 되지 않는 달 표면이든 변하지 않습니다.

우주 비행사는 '질량'을 잰다

질량은 물체의 운동을 변화시키기 힘든 정도(관성의 크기)이며 힘을 가속도로 나눈 값입니다. 예를 들어, 무중력 공간에서 '거대한 코끼리를 밀어 보았다'고 가정해서 생각하면 이해하기 쉽습니다. 무중력 공간에서는 코끼리의 몸무게도 당연히 0이지만 코끼리의 질량이 크기

키워드 ❶

무중력

우주정거장은 지상에서 400km 상공을 비행하고 있지만 거의 지상과 같은 중력을 받는다. 내부가 무중력인 것은 원심력과 중력이 균형을 이루기 때문이다.

때문에 힘을 살짝 줘도 가속이 거의 없습니다. 이때 앞에 말한 식에 코끼리를 민 힘과 가속도를 대입하면 코끼리의 질량을 잴 수 있어요.

그럼 실제로 무중력상태인 국제우주정거장에서 우주 비행사의 '질량'을 잴 때는 어떻게 할까요? 국제우주정거장에서는 우주 비행사 몸의 '운동을 변화시키기 힘든 정도'를 재기 위해 용수철이 달린 판이 장착된 질량계를 씁니다. 용수철에 질량을 더해서 늘이거나 줄였다가 놓으면 용수철은 늘어나고 줄어들기를 반복하면서 진동합니다. 이 진동주기가 질량과 용수철 상수에 따라 정해지기 때문에 주기를 통해 질량을 계산할 수 있습니다. 이 밖에 일본의 연구자들이 용수철 대신 고무줄을 써서 질량을 계측한 경우도 있습니다.

우주, 특히 무중력 공간에서 '몸무게'를 잴 때 지구에서 쓰는 체중계를 대신할 방법이 있는 겁니다.

키워드 ②

질량

물체의 양을 나타내며 단위는 kgf이다. 질량이 큰 물체일수록 그 운동을 변화시키기가 어렵다. 물체에 작용하는 중력의 크기인 무게는 중력이 다른 장소에서 재면 그 값이 달라진다.

우주 공간에서 무게란?

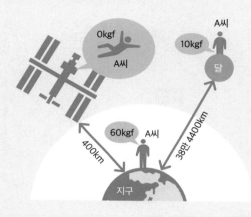

'무게'는 중력의 강도에 따라 변화한다

달 표면에서 무게를 재면 지구에서 잰 무게의 6분의 1이 된다. 국제우주정거장은 무중력이라서 무게가 0이 되며 일반적인 방법으로는 질량을 잴 수 없다.

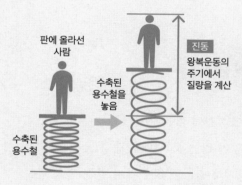

무중력상태에서 질량을 재는 법

용수철이 붙은 판에 사람이 올라서고 용수철을 수축시켰다가 놓으면 용수철이 왕복 진동을 반복한다. 질량이 적을수록 왕복 주기가 짧아지며 1초 동안 진동한 횟수를 재면 가속도를 통해 질량을 구할 수 있게 된다.

결론

무중력상태에서 무게가 0이지만 용수철로 질량을 잴 수 있어요.

5

우주의 추위를
재현할 수
있을까?

핵심
- 우주의 온도는 3K이다
- 실험실에서는 실제로 저온
  실험을 한다

우주의 온도가 '빅뱅의 증거'다

해가 뜨지 않는 밤이나 일조시간이 짧은 겨울에는 기온이 낮아집니다. 이런 사실에서 햇빛이 닿지 않는 곳은 매우 춥다는 것을 알 수 있습니다. 실제로 국제우주정거장에서 햇빛이 닿지 않는 면의 온도가 **영하 100℃** 밑으로 떨어집니다.

그럼 햇빛이 전혀 닿지 않는 공간은 얼마나 추울까요? 답은 절대온도(❶)로 3K(켈빈)입니다. 영하 270℃지요. 햇빛을 비롯해 물질을 데우는 전자기파가 닿지 않는 곳에서는 온도의 하한선인 **절대영도(영하 273.15℃=0K)**가 아닐까 싶지만 그보다 3K만큼 따뜻합니다.

우주 배경 복사 3K은 1965년에 미국 벨연구소에서 아노 펜지어스와 로버트 윌슨이 세상에 알렸습니다. 이들이 인공위성과 교신하는 것을 연구하다가 우주의 모든 방향에서 전파(마이크로파)가 온다는 사실을 깨달았어요. 이것이 온도가 3K인 물질이 내보내는 전파와 같았기에, 우주에 3K의 전파가 가득하며 우주의 온도가 3K이라는 사실을 알게 되었습니다. 이 전파를 '우주 마이크로파 배경 복사'라고 해요.

우주 마이크로파 배경 복사는 우주 탄생의 계기가 된 빅뱅의 증거이기도 합니다. 탄생 직후 우주는 초고온, 초고밀도의 양자와 전자가 분리된 플라스마 상태라서 빛이 하전입자의 방해를 받아 직진하지 못했습니다. 그로부터 38만 년쯤 지나 우주의 온도가 3000℃까지 내려가자 대부분의 전자와 양자가 결합해 플라스마 상태에서 벗어났습니다. 우주가 투명해지고 빛의 진행을 막는 것이 사라졌어요. 이때 직진할 수 있게 된 빛이 도플러 효과로 길어진 것을 우주 마이크로파 배경 복사라고 합니다. 우주 공간은 이때 빛으로 가득해요.

저온 기록: 몇 도까지 내려가게 할 수 있을까?

우주의 온도가 영하 270℃라는 사실을 알았는데, 이 온도를 지구에서 실현할 수 있을까요?

키워드 ❶

절대온도
이론상 물질의 원자나 분자의 열진동이 멈추는 온도를 0K(절대영도)으로 간주한 온도. 분자나 원자의 운동이 멈추기 때문에 이보다 낮은 온도는 존재하지 않게 된다.

저온 연구는 1854년에 제임스 프레스콧 줄과 윌리엄 톰슨의 발견에 따라 급격히 발전했습니다. 이들은 압축한 기체를 좁은 구멍에서 내뿜으면 기체의 온도가 올라가거나 내려간다는 사실을 실험으로 확인했습니다. 이것을 줄·톰슨 효과라고 하며 상온에서 기체인 물질을 냉각해서 액체로 만드는 액화에 응용하고 있습니다. 1908년에는 카메를링 오너스(❷)가 이 기술을 바탕으로 헬륨 액화에 성공했습니다. 헬륨 액화 온도는 영하 269℃, 4.15K으로 우주의 온도인 3K과 비슷합니다.

현재 레이저나 자장을 이용해 원자를 붙들어서 열에너지를 제거하는 기술로 263억분의 1K보다 낮은 온도를 실현하고 있습니다. 특정 금속이나 화합물 등을 매우 낮은 온도로 냉각했을 때 전기저항이 없어지는 초전도(❸) 연구를 비롯한 냉각 기술이 우리 생활을 풍요롭게 합니다.

키워드 ❷

카메를링 오너스(Kamerlingh Onnes)

네덜란드 물리학자. 1908년에 냉각기와 3중 구조의 보온병을 가지고 0.9K이라는 저온을 실현해 처음으로 헬륨 액화에 성공했다. 그 과정에서 초전도 현상을 발견한 공로로 1911년 노벨물리학상을 수상했다.

키워드 ❸

초전도

전기저항이 있으면 전력의 일부가 열에너지로 바뀌지만 초전도는 저항이 없기 때문에 전기에너지의 손실이 없다.

우주 온도의 전환

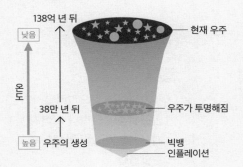

현재 영하 270℃

빅뱅 이론에서는 지금으로부터 138억 년 전에 빅뱅이라는 대폭발이 일어나 우주가 시작되었다고 본다. 탄생 직후에는 초고온, 초고밀도 상태였지만 급격한 팽창에 따라 온도가 내려가 현재 우주의 온도는 영하 270℃다.

우주 마이크로파 배경 복사

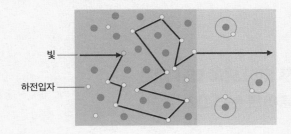

우주가 생기고 38만 년이 지나 생긴 현상

우주는 고온, 고밀도의 플라스마 상태에서 전자 때문에 산란한 빛(광자)이 직진할 수 없었다(그림 왼쪽). 우주가 생기고 38만 년이 지나자 양자와 전자가 결합해 수소 원자가 되면서 빛이 직진할 수 있게 되었다. 이 빛이 우주 마이크로파 배경 복사로서 관측된다.

결론

**우주는 영하 270℃예요.
이와 비슷한 온도를
실험실에서 실현할 수 있어요.**

인공위성으로
개기일식을
만들 수 있을까?

핵심
- 개기일식을 일으키려면
  인공위성이 얼마나 커야 할까?
- 지상에는 햇빛이 평행하게
  도달한다

열이 너무 많이 모여 있을 때는
햇빛을 줄이면 된다고?

'지구가 해마다 뜨거워지고 있다'고 하며 최고기온이 계속 올라 문제시되고 있습니다. 온난화가 일으키는 이상기후에 대응해 세계 각국이 협력해서 온난화의 원인인 이산화탄소(CO_2) 배출을 줄이면 좋겠지만 좀처럼 진전이 없습니다.

그런데 CO_2는 온실효과가 '커지는' 원인에 지나지 않습니다. 유일한 에너지 공급원은 태양입니다. 대규모 분화에 따른 화산재로 햇빛이 차단되어 일시적으로 기온이 낮아지는 현상을 생각해 보면 햇빛의 양을 줄여서 온난화를 막을 수 있을 겁니다. 지구를 응달에 넣을 수 있을 만큼 거대한 양산을 만들면 어떨까요?

태양과 지구 사이에서 햇빛을 가리도록 인공위성 '양산 1호'를 둔다고 합시다. 이렇게 해서 개기일식❶을 일으키면 2016년 개기일식에서 관측된 것처럼 차가운 바람이 불어 기온이 내려가는 효과를 기대할 수 있을 겁니다.

그럼 인공위성의 고도부터 생각해 봐야 하는데, 고도 800km에서 태양과 위성과 지구의 위치에 따른 관계를 일정하게 유지할 수 있도록 궤도면이 늘 태양과 같은 각을 유지하는 태양동기궤도를 이용한다고 합시다.

그다음은 인공위성의 크기입니다. 개기일식은 태양과 달의 겉보기 크기가 일치해서 생겨요. 지상 800km의 태양동기궤도에서 달과 같은 겉보기 크기가 되려면, 태양의 겉보기 지름❷을 **0.53도**로 할 때 인공위성의 반지름을 약 4km로 계산할 수 있습니다. 폭이 100m쯤 되는 국제우주정거장의 70배가 넘네요. 태양동기궤도에 있는 이 위성이 패널을 펼쳐서 태양과 겉보기 크기가 같아질 때 인공 개기일식을 완성하는 겁니다.

인공위성 '양산 1호'가 무사히 궤도에 들어가고 양산 구실을 하는 패널을 다 펼칠 때 지상은 어떤 상태일까요? 맨 처음에 일어날 '패널 펼치기 작업'은 전 세계에서 동시에 생중계할 겁니다. 지금까지 달만

우주

키워드 ❶

개기일식

천체가 다른 천체에 가려지는 현상을 식(蝕)이라고 한다. 태양이 달에 가려지면 일식이라고 하며 완전히 가려지는 일식을 개기일식이라고 한다. 태양의 실제 지름은 달 지름의 400배지만 지구에서 태양은 달보다 400배 멀리 있기 때문에 태양과 달이 지상에서 거의 같은 크기로 보인다.

157

이 차단할 수 있던 하늘의 왕 '태양'이 서서히 그 모습을 숨기고 흰 코로나를 내보내는 칠흑같이 어두운 천체로 변할 테니까요!

광원이 너무 멀어서 햇빛이 평행하게 도달한다

하지만 안타깝게도 기온은 내려가지 않습니다. 이 양산으로는 넓은 지역에 개기일식을 만들 수 없기 때문입니다. 가장 큰 이유는 태양의 압도적인 크기와 그 빛이 지상에 도달하는 방식에 있습니다.

햇빛은 방사형으로 나오는데, 지구에서 멀리 있기 때문에 한없이 평행한 광선으로서 지상에 도달합니다. 위성으로 만들 수 있는 그늘은 반지름이 4km인 위성과 같은 크기라서, 지구의 **반지름인 6371km**와 비교할 때 어림없는 수준입니다. 달처럼 폭넓게 햇빛을 막으려면 위성의 반지름이 달의 반지름과 같이 1700km 정도는 돼야 합니다.

그런데 이런 위성은 너무 커서 우주로 옮기기도, 우주 공간에 설치하기도 어렵겠네요.

키워드 **2**

겉보기 지름

아득히 먼 곳에 있는 천체의 '겉보기 크기'. 천체의 반지름 (r)에 비해 천체까지 가는 거리(a)가 충분히 크면 $2r/a$로 근삿값(라디안)을 구할 수 있다. $360/(2\pi)$를 이용해 '도'로 전환한다.

겉보기 지름 구하기

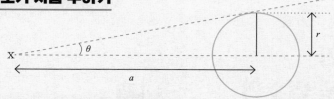

멀면 멀수록 겉보기 크기가 작아진다

어떤 위치에서 본 '구체의 겉보기 크기'를 나타내는 방법. 구체의 중심에 이르는 거리(a), 기준점이 중심 및 그것과 수직을 이루는 원둘레상의 한 점과 이루는 각도(θ : 세타)를 통해 반지름(r)을 구할 수 있다.

광원의 거리와 빛이 도달하는 방식

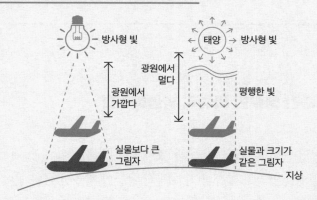

지상에 도달하는 햇빛은 평행한 빛이라서 그림자의 크기가 물체의 크기와 같다

일반적으로 빛은 광원에서 방사형으로 나온다. 하지만 태양은 지구에서 너무 멀고 큰 광원이기 때문에 지표면에서는 태양광을 평행한 빛으로 본다. 한낮의 햇빛이 지면에 만드는 그림자를 떠올리면 이해하기 쉽다.

결론

달과 반지름이 같은 위성을 만들어야 개기일식을 일으킬 수 있어요.

7

지구의
자전을 멈추면
어떻게 될까?

- 관성의 법칙은 공기에도
  작용한다
- 지구의 운동에너지가
  열에너지로 전환된다

그 순간 맹렬한 바람이 휘몰아친다

태양이나 별이 움직이고 낮과 밤이 오는 건 지구의 자전 때문이라
는 사실이 잘 알려져 있습니다. 지구의 자전이 멈추면 어떤 일이 벌어
질까요?

거대한 장애물을 맞닥뜨려 멈추든가 (지구를 구성한 원소 가운데 전자
기의 영향을 받는 철이 많은 만큼) 전자기적 힘에 따라 멈추는 등 방법에
따라 답도 달라지지만, 일단 지구의 지각에서 핵까지 갑자기 멈췄다
고 생각해 봅시다.

차를 타고 가던 중에 차가 갑자기 속도를 줄이면 몸이 앞으로 튕
겨 나가는 것처럼 느낄 때가 있습니다. 이것은 운동하거나 정지하고

있는 물체에는 그 상태를 유지하려고 하는 관성의 법칙(❶)이 작용하기 때문입니다. 지구가 갑자기 자전을 멈출 때 고정되어 있지 않은 것은 다 이 관성의 법칙에 따라 자전 속도로 자전 방향을 향해 엄청난 기세로 날아가 버립니다.

지면에 고정되어 있지 않은 물체가 많은데, 그중 하나가 공기입니다. 지구가 정지한 순간 자전 속도로 엄청난 바람이 불겠지요. 그 풍속이 적도 가까이에서는 거의 시속 1700km나 된다고 봅니다. 바닷물도 고정되어 있지 않으니까, 자전이 멈추면 초음속 해일이 지구 표면을 쓸어 버릴 겁니다.

지구의 자전에 따른 운동에너지는

공기나 바닷물에 작용하는 관성의 법칙 다음으로 자전하는 지구에 있는 에너지에 대해 알아봅시다.

자전하는 지구에는 회전운동에너지가 있습니다.

자전의 운동에너지 E는 구의 관성모멘트(❷)와 회전 속도로 계산할 때 $E=2.6\times10^{24}$J이 됩니다. 지구의 자전이 하루에 한 바퀴라서 느릴 것 같아도 실제로는 이렇게 엄청나게 큰 운동에너지를 간직하고

키워드 ❶

관성의 법칙
뉴턴의 운동 법칙 가운데 하나. 외부에서 힘이 더해지지 않는 한 멈춰 있는 물체는 계속 멈춰 있고 운동하는 물체는 등속직선운동을 계속한다. 물체가 운동하거나 멈춰 있는 상태를 유지하는 성질을 관성이라고 한다.

있어요.

이 에너지가 열로 바뀐다고 해 봅시다. 자동차에 브레이크를 걸면 운동에너지가 열로 바뀌어서 도로 표면이 뜨거워지는 것과 비슷한 현상을 자전의 에너지도 일으킨다고 할 수 있습니다. 지구에 감람석이 특히 많으니까 지구를 감람석 덩어리라고 가정해 봅시다. 그럼 이것의 온도를 1℃ 올리는 데 필요한 에너지에 기초한 계산으로 온도가 수십, 수백 도까지 오른다는 사실을 알 수 있습니다. 지구의 표면은 중심보다 자전에 따른 속도가 크기 때문에 더 큰 열에너지를 받습니다. 지구 표면의 온도가 수천 도에 이르게 돼요.

결국 지구의 자전이 멈추면 지상의 모든 것은 물론이고 지구 자체도 녹아 액체가 된다고 생각할 수 있습니다.

키워드 ❷

관성모멘트
물체가 회전하기 쉬운 정도, 즉 멈추기 어려운 정도를 나타내는 양. 관성모멘트에 회전 속도를 곱하면 각운동량이 된다. 관성모멘트가 큰 물체는 회전하기 어렵고, 회전하고 있을 경우 멈추기가 어렵다.

지구의 자전이 멈출 때

관성의 법칙

차나 지구 등 움직이는 물체 위에 있는 것은 움직이는 물체가 갑자기 멈출 경우 그때까지 진행하던 방향으로 계속 움직인다.

관성모멘트

물체의 관성모멘트는 물체의 모양과 회전축에 따라 결정된다. 같은 물체라도 회전축의 방향과 위치에 따라 관성모멘트가 달라진다.

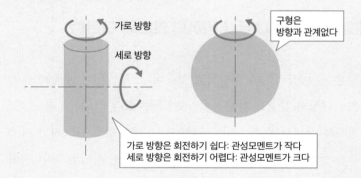

결론

관성과 자전의 회전운동에너지가 모든 것을 파괴해요.

태양의
불꽃을 물로
끌 수 있을까?

핵심
- 물은 수소와 산소로 이루어져 있다
- 태양의 에너지원은 수소의 핵융합반응이다

태양의 불꽃은 나무나 종이의 연소와 다르다

태양은 늘 이글거리며 내리쬐고 있습니다. 무더위가 계속되는 여름날에는 '태양의 불꽃을 한순간이라도 끌 수 있다면 시원해질 텐데.' 하고 진지하게 생각해 본 사람도 많겠지요. '태양열이 사라지면 지구의 기후가 엉망이 돼 인류가 멸망할 것'이라는 뻔한 정답은 일단 제쳐 두고 태양의 불꽃을 끌 수 있을지 검토해 봅시다.

무엇보다 먼저 생각해 볼 것이 태양의 불꽃을 끄는 방법입니다. 지구에서 나무나 종이를 태운 불을 끄려면 보통 물을 끼얹습니다. 하지만 태양의 불을 물로 끄려는 건 현명한 선택이라고 할 수 없어요. 물은 태양이 타오르는 데 연료가 될지도 모르기 때문입니다.

유기물이 산소와 결합해서 일어나는 연소와 태양이 타오르는 구조는 근본적으로 달라요. 태양은 수소 원자핵 네 개가 결합해 헬륨 원자핵이 되는 '수소 핵융합반응(❶)'에 따라 타오릅니다. 지구 질량의 33만 배 정도 되는 태양의 중심부는 지구와 비교할 수도 없을 만큼 큰 중력이 작용해서 고밀도 상태입니다. 게다가 중심의 온도가 1600만℃ 가까이 돼요. 이렇게 온도와 밀도가 높으면 원자 사이에 작용하는 전기력(❷)을 능가하는 속도로 원자핵이 충돌하기 때문에 수소 원자핵들이 융합하는 겁니다. 그리고 핵융합을 몇 번 거쳐서 수소 원자핵이 헬륨 원자핵이 되는데, 바로 이때 에너지가 생겨요. 반응 하나하나가 만드는 에너지는 작아도 태양의 질량은 어마어마합니다. 수없이 많은 수소가 반응해서 생기는 태양의 에너지를 파괴력이 어마어마한 TNT화약으로 환산하면 1초당 9.1×10^{16}t에 해당합니다. 이 정도 무게의 TNT가 폭발한 것과 같은 힘이 매초 나온다는 말이에요.

그런데 물은 수소 원자 두 개와 산소 원자 하나로 이루어져 있습니다. 이런 물로 불을 끄겠다고 태양에 다가가면 높은 온도 때문에 물이 수소와 산소로 분해될 거예요. 다시 말해, 태양에 물을 끼얹는다면 불에 기름을 붓는 격입니다. 물이 수소 핵융합을 일으키는 태양에 연료가 되니까요.

키워드 ❶

수소 핵융합반응

헬륨이 하나 만들어질 때 에너지는 기껏해야 4.3×10^{-12}J 정도다. 엄청나게 많은 수소가 결합해야 큰 에너지가 된다.

키워드 ❷

전기력

전기를 띤 두 물체 사이에 작용하는 힘. 수소가 핵융합하려면 수소 원자핵, 즉 양자 두 개가 결합해야 하는데 양자 사이에는 서로 밀어내는 힘이 작용한다.

아무것도 하지 않아도 언젠가 꺼진다

물로 끌 수 없는 태양의 불꽃을 확실하게 끄는 방법이 하나 있습니다. 그저 시간이 가기를 기다리는 겁니다.

태양의 에너지원인 수소 핵융합반응은 연료가 되는 수소가 없어지면 끝납니다. 그 뒤 헬륨 원자핵의 핵융합반응이 일어나지만, 이건 비교적 짧은 기간에 연료를 다 써요. 현재 항성진화론③에서는 태양 중심부의 연료가 지금으로부터 50억 년쯤 뒤에 없어진다고 합니다. 그럼 핵융합반응을 일으킬 연료가 없는 백색왜성이 돼요.

백색왜성은 핵융합반응을 일으키지 않아도 표면 온도가 1만K에 이르는 고온입니다. 참고로, 지금 태양의 표면 온도가 약 **6000K**입니다. 백색왜성이 식는 데만 수십억 년이 걸린다네요. 태양의 불꽃을 끄려면 아득한 세월을 기다려야 할 것 같습니다.

키워드 ③

항성진화론

천체물리학에 기초한, 항성의 생애에 대한 이론. 항성이 그 생성부터 종말에 이르기까지 일정한 물리적 변화를 보이기 때문에 이를 생물의 탄생과 죽음에 비유한다.

태양에서 일어나는 핵융합반응(양성자-양성자 연쇄 반응)

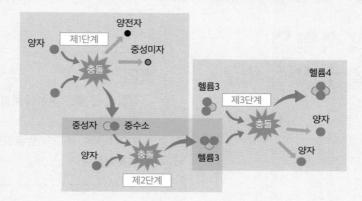

3단계 반응

태양에서 수소가 3단계를 거쳐 헬륨이 된다. 1단계에서는 수소 원자(양자) 두 개가 충돌하고, 2단계에서는 양자와 중수소가 충돌하고, 3단계에서는 헬륨3 두 개가 충돌한다. 3단계 충돌로 에너지가 생긴다.

태양의 진화

연료가 다 타고 나면 검은왜성이 된다

태양처럼 큰 항성은 중심부의 수소 핵융합반응이 끝나면 더 커져서 적색거성이 된다. 그 뒤 표면층의 물질이 방출되어 백색왜성이 되었다가 서서히 식으면서 빛나지 않는 검은왜성이 된다.

결론

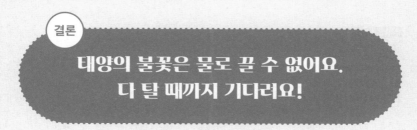

태양의 불꽃은 물로 끌 수 없어요,
다 탈 때까지 기다려요!

9

별의 폭발을 막을 수 있을까?

핵심
• 질량이 큰 별은 초신성 폭발을 일으킨다
• 별의 내부에서 다양한 물질이 만들어진다

초신성은 질량이 큰 별의 마지막 모습

과학기술이 발달해 우주여행이 쉬워진다고 해 봅시다. 광대한 우주를 여행하면 즐거울 것 같지만, 사실 우주에는 위험한 일이 아주 많습니다. 그중에서도 반드시 조심해야만 하는 것이 초신성 폭발❶입니다. 우주선과 함께 산산이 흩어져 버리지 않도록 초신성 폭발을 막을 방법이 있는지 알아봅시다.

키워드 ❶

초신성 폭발
갑자기 별이 밝아지기 시작했다가 시간이 지나면서 어두워진다. 새로운 별이 탄생하는 것처럼 보여서 초신성이라고 불렸다.

초신성 폭발은 크게 '1형 초신성(**②**)'과 '2형 초신성'으로 나뉩니다. 둘 다 태양보다 무거운 항성이 일으키는 폭발입니다. 1형 초신성은 탄소의 핵융합에 따른 폭발이기 때문에, 탄소의 핵융합을 통제하는 기술이 개발되면 해결될지도 모릅니다. 하지만 중력의 수축에 따라 일어나는 2형 초신성은 까다로워요.

일반적인 항성은 중심부에서 수소가 헬륨으로 바뀌는 핵융합반응이 일어납니다. 그런데 연료인 중심부의 수소가 다 헬륨으로 바뀌고 나면, 헬륨이 탄소로 바뀌는 반응이 일어납니다. 이렇게 연료의 교체가 반복되면서 별의 내부에서는 무거운 원소가 계속 만들어져요. 결국 별의 중심부에서 철이 만들어지면 핵융합반응이 일어나지 않게 됩니다. 철이 안정적인 물질이기 때문이지요.

핵융합반응이 일어날 때는 열에너지가 생겨서 그 덕에 붕괴하지 않았는데, 연료가 떨어지면 열이 생기지 않으니까 자체 중력의 영향을 고스란히 받아요. 항성의 중심부가 중력과 표면층의 압력을 견디며 붕괴를 막는 힘이 전자의 축퇴압(縮退壓)(**③**)입니다.

키워드 **②**

1형 초신성

서로 끌어당기는 힘으로 짝을 이뤄 공동의 무게중심 주위를 공전하는 백색왜성에 짝별에서 온 가스가 모이면서 질량이 늘어나 중심부의 온도가 높아지고 탄소 핵융합을 일으키는 것이 원인이다.

키워드 **③**

축퇴압

전자·양자·중성자 등을 페르미 입자라고 하는데, 하나의 양자 상태에 하나의 입자만 들어가는 성질이 있다. 이런 성질에서 나온 힘을 축퇴압이라고 한다.

별의 중심이 중력붕괴를 일으킨다

철로 이루어진 핵의 질량이 **태양 질량의 1.4배**를 넘을 경우, 전자(電子)의 축퇴압으로는 스스로 버틸 수 없게 되면서 핵이 중력붕괴를 일으켜 무너집니다.

항성의 중심부에 있는, 태양보다 질량이 큰 철 덩어리가 순식간에 무너지고 나서는 거의 중성자로 이루어진 작은 천체, '중성자별'이 됩니다. 철의 원자핵이 빛과 열을 흡수해 헬륨 원자핵과 중성자(그리고 중성미자)로 분해되는데, 이를 '철의 광분해'라고 합니다.

별의 핵이 중성자별이 될 때 생기는 에너지가 어마어마해서 표면층이 밖으로 튕겨 나가 버려요. 별의 대부분이 우주 공간으로 날아가 열과 중성미자를 사방에 퍼트리는 겁니다. 이런 식으로 거의 몇 초 만에 별이 붕괴합니다. 이것이 2형 초신성 폭발입니다.

그 뒤에 남은 중성자별은 질량이 태양의 1.4배 정도 되고 반지름이 몇 km인, 엄청나게 밀도가 높은 이상한 물체입니다. 질량이 큰 경우에는 더 수축해서 블랙홀이 돼요.

만약 과학기술이 발달해서 반중력을 만들어 항성의 붕괴를 막을 수 있는 장치가 생긴다면 대폭발을 멈출 수 있을지도 모릅니다. 하지만 중력을 거스르는 성질이 있는 물질은 당분간 발견하기 힘들 것 같아 안타깝네요. 또 태양보다 큰 항성에 반중력이 작용하기란 어려울 겁니다. 2형 초신성 폭발의 징후를 감지했다면 가까이 가지 않는 편이 현명하겠지요.

초신성 폭발 직전, 질량이 큰 별의 내부

중심부에 철이 생기면 곧 폭발한다

질량이 태양의 여덟 배가 넘는 별이라면 수소, 헬륨, 탄소, 네온, 산소, 규소 원소가 순서대로 양파처럼 겹겹이 있다.

A: 철(Fe)
B: 규소(Si)
C: 산소(O), 헬륨(He), 마그네슘(Mg)
D: 탄소(C), 네온(Ne)
E: 헬륨(He)
F: 수소(H)

초신성 폭발 뒤에 오는 변화

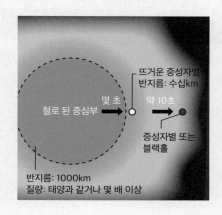

철로 된 중심부 → 몇 초 → 뜨거운 중성자별 반지름: 수십km → 약 10초 → 중성자별 또는 블랙홀

반지름: 1000km
질량: 태양과 같거나 몇 배 이상

블랙홀이 되기도 한다

질량이 태양의 8~20배인 별이 초신성 폭발을 일으키면 중심핵의 반지름이 몇 초 만에 1000km에서 10km로 압축돼 중성자별이 된다. 그리고 질량이 태양의 수십 배인 별이라면 블랙홀이 된다.

결론

질량이 큰 별이 최후를 맞을 때 초신성 폭발은 막을 수 없어요.

암흑물질을 느껴 볼 수 있을까?

우주에 보이지 않는 물질이 있다

물리학이 발전하면서 우주 공간의 물리법칙이 명확해지자 연구자들이 이상한 사실을 깨달았습니다. 눈에 보이는 물질만으로는 우주의 물리적 현상을 설명할 수 없는 경우와 맞닥뜨렸기 때문입니다.

타원형 은하의 일종인 나선은하를 예로 들어 보겠습니다. 나선은하의 디스크(❶)에 속하는 항성이나 가스구름이 은하 전체의 중력에

키워드 ❶

디스크

별이 분포된 모습이 둥글고 납작한 원반을 나선형 팔이 감고 있는 것 같은 은하를 나선은하라고 하며 원반 부분을 디스크라고 한다.

끌려서 은하의 중심 주변을 빙빙 돕니다. 따라서 항성이나 가스구름이 도는 속도를 측정하면 은하 전체의 중력을 측정하고, 이를 통해 은하 전체의 질량을 구할 수 있을 겁니다.

그러나 실제로 해 보면, 이렇게 중력을 통해 구한 은하 전체의 질량이 항성과 가스구름 등 눈에 보이는 물질의 질량을 합한 것보다 훨씬 크다는 사실을 알게 됩니다. 이렇게 눈에 보이는 물질만으로는 물리적 현상을 설명할 수 없기 때문에 과학자들은 '눈에 보이지 않는 물질'이 존재한다는 가설을 세웠습니다. 그리고 이 물질은 빛(전자기파)으로 관측할 수 없기 때문에 '암흑물질'이라고 부릅니다. 앞서 말한 나선은하에 암흑물질이 존재하는 거죠. 나선은하에만 암흑물질이 있지는 않습니다. 질량이 매우 큰 물질이 있을 때 그 중력 때문에 빛이 휘는 '중력렌즈 효과'(❷)가 아무것도 없는 것처럼 보이는 부분에서 관측되거든요. 결국 우리가 잘 아는, 눈에 보이는 물질보다 암흑물질이 대여섯 배나 많다는 사실을 알아냈습니다.

암흑물질을 검출하려면 어떻게 해야 할까?

암흑물질은 이런 성질이 있습니다.

키워드 ❷

중력렌즈 효과
거대한 질량의 천체가 그 중력으로 빛의 진로를 구부려서 빛이 렌즈를 통과하는 것처럼 보이는 현상. 중력렌즈 때문에 아주 멀리 있는 천체가 확대되거나 여러 개로 보이기도 한다.

1. 빛(전자기파)으로 관측할 수 없으니, 전하를 갖지 않는다.
   즉 전기적으로 중성이다.
2. 질량이 있다.
3. 수명이 길어서 우주의 초기부터 지금까지 계속 존재한다.

우리가 아는 소립자로는 이 물질을 설명할 수 없습니다. 그래서 암흑물질을 아직 발견하지 못한 소립자로서 윔프(WIMP), 즉 '상호작용이 약한 무거운 입자(Weakly Interacting Massive Particles)'라고 가정하고 검출하려는 연구를 진행하고 있습니다.

암흑물질은 물질을 통과하지만 극히 드물게 원자와 충돌해서 아주 약한 빛과 열을 낼 수도 있습니다. 도쿄대학 우주선(宇宙線) 연구소가 기후현의 가미오카 광산 지하에서 하고 있는 '엑스마스(XMASS) 실험'은 액체 제논의 원자핵에 암흑물질이 충돌했을 때 나오는 빛을 관측해서 암흑물질을 검출하려고 합니다. 5억 광년 떨어진 은하쌍의 사진 2만 3000장을 통해 '중력렌즈'의 영향을 해석해서 암흑물질의 존재를 가시화한 연구도 있습니다.

현재 암흑물질을 확실히 검출한 예는 없어요.* 그래도 인류는 눈에 보이지 않는 신비한 물질에 조금씩 다가가고 있습니다.

---

*
연세대 지명국 교수 연구 팀이 2024년 1월 《네이처천문학 (Nature Astronomy)》을 통해 암흑물질 필라멘트 검출에 성공했다고 밝혔다.

미지의 물질을 고려한 우주의 구성

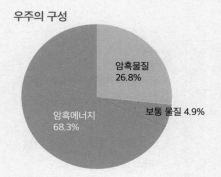

우주의 구성

암흑물질
26.8%

암흑에너지
68.3%

보통 물질 4.9%

눈에 보이는 물질은 아주 적다

유럽우주기구의 플랑크망원경 관측에 따르면, 우주에는 우리 주변의 보통 물질이 4.9%밖에 없다. 빛으로는 볼 수 없는 수수께끼 같은 암흑물질과 암흑에너지가 나머지를 차지한다.

우주

나선은하의 회전 분석

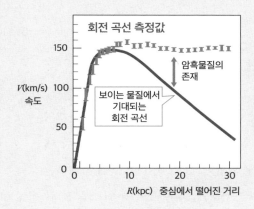

회전 곡선 측정값

150

V(km/s)
속도

100

암흑물질의
존재

보이는 물질에서
기대되는
회전 곡선

50

0

0   10   20   30

R(kpc) 중심에서 떨어진 거리

암흑물질이 존재한다는 증거

가로축은 어떤 나선은하의 중심에서 떨어진 거리, 세로축은 회전 속도, 녹색 부분은 그 측정값이다. 항성이나 가스구름의 분포로 계산하면 바깥쪽으로 갈수록 회전 속도가 느려져야 하는데 실제로는 속도가 거의 일정하다.

결론

지금은 느껴 볼 수 없지만
앞으로 그 정체를 알 수 있을 거예요.

11

우주를 만들어 낼 수 있을까?

핵심

- 우주는 빅뱅을 통해 탄생했다
- 사실 우주가 수없이 많을지도 모른다
- 인류의 탄생은 기적이 아닐 수도 있다

우주는 원래 하나가 아니라고?

우주가 탄생한 직후, 인플레이션(❶) 뒤에 빅뱅이 일어나 현재의 우주가 되었다고 봅니다. 그럼 인플레이션 이론에서 말하는 강한 에너지를 만들면 새 우주를 만들 수 있을까요? 안타깝지만, 현재 우주를 만들기란 어렵다고 할 수 있어요. 우주는, 지금 우주에 있는 모든 물질과 에너지가 한 점에 모여 있는 상태에서 시작됐습니다. 그 상태를

키워드 ❶

인플레이션

우주는 탄생 직후에 급격히 팽창했다. 이를 인플레이션이라고 한다. 지름이 10^{-34}cm로 원자핵보다도 작던 우주가 10^{-36}~10^{-34}초 뒤에는 지름 1cm 이상으로 커졌다니, 인플레이션은 빅뱅보다 훨씬 더 급격한 팽창이다.

재현하지 못하고 빅뱅의 에너지만 만들어 낸다고 새로운 우주가 탄생하진 않겠죠.

그런데 우주를 일부러 만들어 내지 않아도 사실 '우주가 무수히 존재한다'는 학설이 있습니다. 하나밖에 없는 우주에서 어쩌다 좋은 조건이 겹치고 겹쳐 인류라는 지적 생명체가 탄생했다고 생각하기에는 우연도 이런 우연이 없습니다. 우주가 탄생했을 때 암흑에너지라고도 하는 '진공에너지(❷)'가 너무 컸다면 우주가 팽창하는 속도가 너무 빨라 별이나 은하, 더 나아가서는 생명이 만들어지지 못했을 겁니다. 또 소립자의 질량이나 수명이 다른 우주였다면 원자나 복잡한 분자가 만들어지지 못해 역시 생명이 탄생하지 않았겠지요. 이런 조건을 모두 만족시키고 지적 생명체가 우주에 존재할 확률이 10^{1230}분의 1이라는 학설도 있습니다.

하지만 만약 우주가 10^{1230}개 이상 존재하고, 그중에서 지적 생명체가 생겨난 몇 안 되는 우주가 우리가 있는 우주라고 생각하면 어떨까요? 단 하나의 우주에서 기적이 일어났다고 생각하는 것보다 훨씬 자연스럽게 느껴집니다.

이런 생각을 바탕으로 물리학계에서는 1970년대 이후 '우리가 존재하는 우주뿐만 아니라 수많은 우주가 있을 것'이라는 주제에 대해 이야기합니다. '우주'를 뜻하는 영어 '유니버스(universe)'는 라틴어로

키워드 ❷

진공에너지

진공에서는 전자·양성자·중성자 같은 입자로 이루어진 실재 물질과 반물질, 즉 입자와 반대되는 성격이 있는 양전자·반양성자·반중성자로 이루어진 물질이 생겼다가 부딪혀 사라지기를 거듭하면서 에너지가 바뀐다. 이 에너지의 변화를 바탕으로 인플레이션 이론이 형성되었다.

'하나(uni)'와 '회전(verse)'입니다. 그래서 유니버스와 달리 많이 존재하는 우주는 '멀티버스(multiverse, 다중우주)(❸)'라고 합니다.

자우주, 손우주가 생겨난다!

그럼 과연 어떻게 해서 인류가 관측해 온 것과 다른 우주가 생길까요? 그 열쇠는 맨 처음에 말한 '인플레이션'에 있습니다.

인플레이션 직후 우주에는 에너지가 높은 부분과 낮은 부분이 '반점'처럼 있었다고 합니다. 그리고 에너지가 높은 부분은 다시 인플레이션을 일으키고 혹처럼 팽창하기 시작해 다른 우주로 성장해 갑니다. 이렇게 반점처럼 되어 있는 에너지가 높은 부분에서 탄생한 우주를 '자우주(child universe)'라고 합니다. 또 자우주에서는 손우주, 증손우주 같은 식으로 수많은 우주가 탄생합니다.

그리고 부모 우주와 연결되어 있던 부분이 잘리면서 저마다 독립된 우주가 되었다고 생각할 수 있습니다.

키워드 ❸

멀티버스(다중우주)
어떤 우주론은 수많은 우주가 저마다 별과 은하의 구조뿐만 아니라 물질 자체가 다를 수 있다고 본다.

인류 탄생의 조건

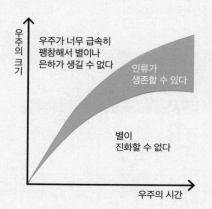

절묘한 균형 덕에 인류가 탄생했다

생겼다가 곧 수축되는 우주에서는 생명이 탄생할 시간이 없다. 이와 반대로, 진공에너지가 커서 팽창이 가속되는 우주에서는 물질이 생겨날 수 없어서 별이나 은하도 생기지 않는다.

다중 발생하는 우주의 구조

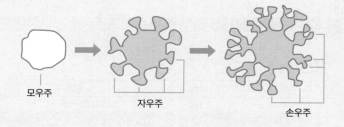

국소적으로 자우주가 탄생한다

부모 우주로부터 자우주, 손우주가 생긴다. 부모 우주와 자우주, 손우주가 연결되어 있다가 분리되면서 저마다 독립된 우주가 된다.

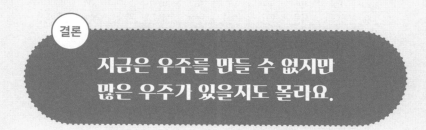

결론

지금은 우주를 만들 수 없지만
많은 우주가 있을지도 몰라요.

단위 표4

가속도, 부피, 각도의 단위가 아래와 같다.
※녹색으로 나타낸 단위는 비국제단위다.

가속도의 단위

	이름	기호	환산
작다	갈	Gal	$10^{-2}m/s^2$
	킬로미터매시매초	km/h/s	$1km/h/s=0.278m/s^2$
	미터매시매초	m/s^2	
크다	표준중력가속도	g	$9.80665m/s^2$

부피의 단위

	이름	기호	환산
적다	세제곱밀리미터	mm^3	$1mm^3=10^{-9}m^3$
	세제곱센티미터	cm^3	$1cm^3=10^{-6}m^3$
	밀리리터	ml	$1ml=10^{-6}m^3$
	센티리터	cl	$1cl=10^{-5}m^3$
	데시리터	dl	$1dl=10^{-4}m^3$
	리터	l	$1l=10^{-3}m^3$
많다	세제곱미터	m^3	

각도의 단위

	이름	기호	환산
좁다	라디안	rad	$1rad=180°/\pi=57.29578°$
	도	°	
	분	'	$1'=1°/60=0.0167°$
넓다	초	"	$1"=1°/3600=2.78×10^{-4}°$

단위 접두어

10^1	10^2	10^3	10^6	10^9	10^{12}	10^{15}	10^{18}	10^{21}	10^{24}
데카	헥토	킬로	메가	기가	테라	페타	엑사	제타	요타
da	h	k	M	G	T	P	E	Z	Y

10^{-1}	10^{-2}	10^{-3}	10^{-6}	10^{-9}	10^{-12}	10^{-15}	10^{-18}	10^{-21}	10^{-24}
데시	센티	밀리	마이크로	나노	피코	펨토	아토	젭토	욕토
d	c	m	μ	n	p	f	a	z	y

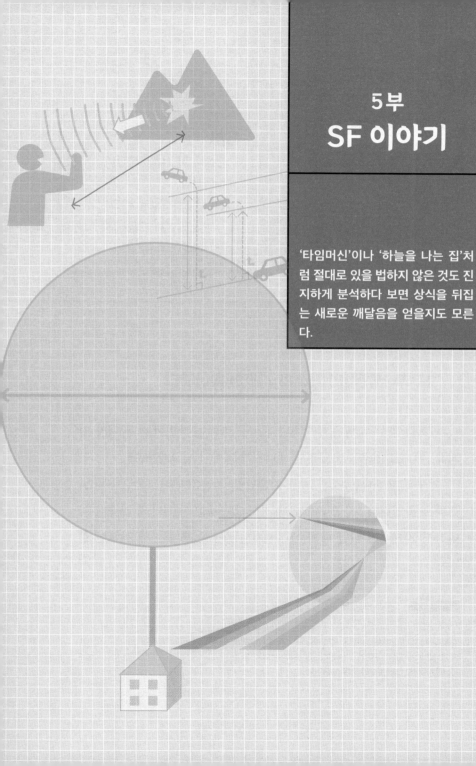

5부
SF 이야기

'타임머신'이나 '하늘을 나는 집'처럼 절대로 있을 법하지 않은 것도 진지하게 분석하다 보면 상식을 뒤집는 새로운 깨달음을 얻을지도 모른다.

1

지구를 쪼개려면 에너지가 얼마나 필요할까?

핵심
- 단층이 어긋나면 지진이 일어난다
- 지진의 에너지(규모)는 단층이 어긋난 면적과 관계가 깊다

지구가 쪼개지면 거대한 지진이 일어난다

만화나 SF에서 별을 부수거나 지구를 쪼개는 장면이 나올 때가 있지요. 실제로 지구를 쪼개려면 에너지가 얼마나 필요할까요?

지구를 쪼갠다는 것은 지구 지름만큼 균열을 낸다, 즉 단층을 만든다는 뜻입니다. 지구상에서 이 정도의 운동은 지진밖에 없습니다. 따라서 지진이 일어날 때의 에너지에서 지구를 쪼개는 데 필요한 힘

키워드 ①

규모(M)

규모는 지진 에너지의 크기다. 로그(log)로 나타내고, 에너지가 32배가 되면 규모가 1 커진다. 몇 가지 정의가 있는데, 여기에서는 모멘트 규모를 상정한다.

을 계산해 봅시다.

지진은 땅속 단층이 움직이면서, 달리 말하면, 지각이 어긋나면서 생기는 현상입니다. 그리고 이 어긋난 단면적은 지진의 에너지에 비례합니다. 크게 어긋날수록 큰 에너지를 방출한다고 할 수 있어요.

지진의 에너지는 규모(M)❶로 측정합니다. 규모는 지각의 강성률(剛性率)❷과 평균 이동량이라고 하는 지각의 이동 거리 그리고 어긋난 지각의 단층 면적과 깊이 관계있다는 사실을 관측으로 알 수 있습니다.

그럼 지구를 쪼갤 만한 규모는 과연 어느 정도일까요? 지각의 강성률은 지질에 따라 차이가 있지만 대개 1m²당 300억~400억N(뉴턴)이라고 하니, 우리는 이 값을 기준으로 삼아 봅시다. 또 지각의 이동 거리는 1km, 어긋난 지각의 면적은 지구 단면적인 1억 2660km²로 합니다.

실제로는 지구 내부에 맨틀이라는 꽤 부드러운 층과 금속이 주성분인 핵이 있어서, 정확한 계산은 아닙니다. 그래도 지구 내부에 지각의 관계식이 들어맞는다고 가정하고 규모를 구하는 식에 이 수치들을 넣으면 12.3이라는 답이 나옵니다.

키워드 ❷

강성률

물체를 위아래로 또는 양옆으로 가르는 방향으로 더해지는 힘을 전단력이라고 한다. 지진에서는 단층이 만들어질 때의 힘을 나타낸다. 이 전단력에 물체가 저항하는 정도를 나타내는 숫자가 강성률이다.

지구를 쪼개는 규모 12의 에너지 양은?

대략적으로 계산해 규모 12 정도의 거대한 지진 에너지가 있다면 지구를 반으로 쪼갤 수 있습니다.

규모가 1 올라갈 때 에너지는 32배가 됩니다. 그럼 지구를 반으로 쪼개는 데 필요한 에너지는 규모 9를 기록한 2011년 동일본대지진의 3만 2000배 정도라는 것이네요.

지진의 에너지 크기를 E로 하고 규모(M)를 에너지의 양으로 환산하는 공식이 있습니다.

$\log_{10}(E/J)=4.8+1.5M$, 즉 $E=10^{(4.8+1.5M)}J$

여기에 규모 12를 넣으면 $6.3 \times 10^{22}J$이 나옵니다.

이 에너지 양은 지구에 오는 태양에너지의 1주일 치에 해당할 정도로 어마어마합니다. 만화처럼 지구를 쪼개려면 이렇게 큰 힘이 필요하네요.

지구를 쪼개는 데 필요한 에너지 양

지구를 쪼갠 순간 이제까지 없던 거대한 지진이 덮친다

지구가 쪼개질 만큼 충격을 받고 실제로 쪼개져서 1km 어긋난다면 일찍이 없던 대지진이 일어난다.

규모를 구하는 식

모멘트 규모(Mw)는 지각의 강성률(μ : 뮤)과 이동량(D), 어긋난 지각의 단층 면적(S)에서 구할 수 있다. 일본의 지진 속보에 쓰이는 기상청 규모(Mj)는 정보를 빨리 전달하기에는 좋아도 규모가 큰 경우에는 정확한 계산을 할 수 없다. 그래서 대지진은 일반적으로 모멘트 규모로 나타낸다.

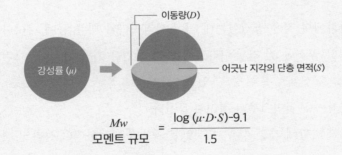

이동량(D)

강성률 (μ)

어긋난 지각의 단층 면적(S)

$$\frac{Mw}{\text{모멘트 규모}} = \frac{\log{(\mu \cdot D \cdot S)} - 9.1}{1.5}$$

결론

태양에너지 1주일 치를 모아서 지구를 둘로 쪼갤 수 있어요.

2

어떤 속도에서
잔상이
생길까?

핵심

- 인간은 잔상을 무의식적으로 없앤다
- 겉보기 이동속도는 보는 사람과 떨어진 거리에 따라 달라진다

잔상은 인간의 눈이 만들어 내는 허상이다

만화에서 적을 공격했는데 적이 사라졌다가 다른 곳에 나타나서는 '네가 공격한 건 잔상'이라고 말하는 장면을 가끔 봅니다. 그런데 잔상 ❶ 을 실제로 보여 줄 수 있을까요?

잔상이 무엇인지부터 정리해 봅시다.

정확히 말해 잔상이란, 보고 있던 물체가 이동하거나 사라진 뒤에

키워드 ❶

잔상

보이던 것이 보이지 않거나 자리를 옮겨도 잠시 시야에 상이 남는 현상. 다만 잔상은 색과 밝기가 본체와 전혀 다르다.

도 시야에 흔적이 남는 현상을 가리킵니다. 이것을 뇌가 보여 준다고 도 하고, 망막이 보여 준다고도 합니다.

이해하기 쉬운 예가 있어요. 어떤 곳에서 조명을 10초 정도 보다 가 눈을 감으면 조명의 형태가 눈으로 보듯 떠오릅니다. 이 간단한 실 험으로 알 수 있듯이, 밝은 물체의 잔상은 상당히 오래 남습니다. 어 두운 물체라도 몇 초는 남아요. 그래서 책을 읽는 동안에도 몇 초 전 에 본 문자가 잔상이 되어 지금 보고 있는 실상과 겹칠 겁니다.

하지만 몇 초 전에 본 문자와 지금 읽고 있는 문자가 뒤섞여 겹쳐 보이거나 문자를 읽지 못하는 경우는 없습니다. 그러기는커녕 보통 은 잔상 자체를 의식하지 못합니다. 잔상은 색과 밝기가 본체와 전혀 달라서 착각을 일으키지 않아요. 사실 이것은 인간의 눈이나 뇌의 정 보 처리 과정에서 끊임없이 잔상 정보를 지워 없애기 때문입니다.

결국 빠르게 움직이는 것과 같은 방법으로는 적이 잔상을 실상으 로 착각하게 만들기가 상당히 어렵습니다.

눈이 따라잡지 못할 속도로 움직여야 한다

잔상을 실상으로 착각하게 하지는 못해도 잔상이 보이는 것처럼 할 방법이 있을까요? 인간의 눈으로 포착할 수 없는 속도로 움직이려 면 어떻게 해야 좋을지를 생각해 봅시다.

인간이 관측 지점에서 각도가 600°가 넘는 범위를 1초 만에 이동 하는 속도에 맞춰 안구를 움직일 수는 없다고 합니다. 예컨대 상대가

90°의 범위를 0.15초 만에 이동하면 각속도(❷)가 **1초당 600°**라서, 관측자가 눈으로 따라잡지 못합니다. 이것은 관측자로부터 1m 떨어진 곳을 초속 10.5m로 지나는 빠르기예요. 우사인 볼트의 100m 달리기 세계기록이 9.58초, 초속 10.4m입니다. 그럼 체력이 뛰어난 사람이라면 미처 눈으로 알아보지 못한 속도를 실현할 수 있을 것 같기도 합니다.

그런데 관측자와 떨어진 거리(❸)가 멀어지면 그럴 수 없어요. 거리가 멀어지면 그만큼 속도가 빨라져야 하기 때문입니다. 예를 들어, 관측자로부터 100m 떨어진 경우에 필요한 속도는 초속 1050m니까 마하(M)로는 3입니다. 이보다 낮은 속도라면 모습을 감추려고 열심히 뛰는 모습을 인간의 눈이 계속 따라잡아요. 게다가 이 속도를 실현해도 문제가 있습니다. 초음속에 도달하기 때문에 음속 폭음이 생깁니다. 주변에 큰 민폐를 끼치겠지요.

키워드 ❷

각속도

회전운동을 하는 물체와 회전의 중심을 잇는 직선은 회전에 따라 방향이 변한다. 이 각도가 변하는 빠르기를 각속도라고 한다. 단위는 rad/s나 deg/s를 쓴다.

키워드 ❸

관측자와 떨어진 거리

관측자가 보기에 같은 각속도라도 거리가 멀어질수록 속도는 빨라진다. 그래서 먼 하늘의 비행기가 천천히 나는 것처럼 보인다.

'눈에 띄지 않는 속도'란

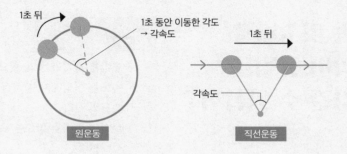

1초 뒤

1초 동안 이동한 각도
→ 각속도

1초 뒤

각속도

원운동

직선운동

각속도의 한계를 넘은 움직임은 눈으로 알 수 없다

이동하는 물체가 1초 동안 움직인 각도를 나타내는 것이 각속도. 사람이 머리보다 빨리 움직일 수 있는 안구의 각속도를 뛰어넘어 움직이는 물체는 볼 수가 없다.

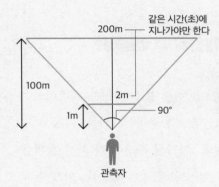

200m

같은 시간(초)에
지나가야만 한다

100m

2m

1m

90°

관측자

각속도와 거리, 속도의 관계

각속도가 같다면 거리가 멀어질수록 속도는 커진다. 삼각형의 닮은꼴에 따라 관측자와 거리가 멀어지면 그만큼 단위시간의 이동량이 늘어나기 때문이다.

결론

진상이 생길 수는 없지만
초속 10.5m로 움직일 경우
1m 떨어져 있는 사람 눈에는 안 보여요.

3

시속 몇 km로 달려아 절벽을 올라갈 수 있을까?

핵심

• 절벽을 올라가는 데 필요한 속도는 절벽에서 떨어질 때의 속도와 같다
• 절벽의 높이로 필요한 속도가 정해진다

애니메이션의 명장면을 재현할 수 있을까?

〈루팡 3세: 칼리오스트로의 성〉(1979)은 불후의 명작 애니메이션입니다. 그중 여주인공 클라리스와 악당과 루팡이 벌이는 자동차 추격 삼파전 장면이 특히 볼 만하지요. 여기서 루팡이 탄 차가 절벽을 올라갑니다. 다른 애니메이션에도 비슷한 장면이 있는데, 이게 실제로 가능할까요?

키워드 ①

에너지보존법칙

물체의 에너지 총량은 에너지의 형태가 바뀌어도 보존된다는 법칙. 움직이는 자동차에 브레이크를 걸어 속도를 줄일 때 타이어가 뜨거워지는 것은 운동에너지가 열에너지로 바뀌어 보존되기 때문이다.

190

극중에서는 차가 절벽 옆면을 타고 달리면서 올라가는데, 우리는 차가 수직으로 절벽을 올라가는 것부터 생각해 봅시다. 타이어와 절벽의 마찰은 무시하고 필요한 속도만 계산합니다.

그럼 차가 절벽을 오르는 움직임을 하늘로 던진 공의 움직임에 비유해 보겠습니다. 공을 위로 던지면 공이 높이 올라가면서 속도가 줄어들어 어느 순간 아래로 떨어집니다. 그리고 처음과 같은 속도로 돌아갑니다. 즉 어떤 높이에서 물체를 떨어뜨렸을 때의 속도를 알면 그 높이까지 물체를 던져 올리기 위한 속도를 알 수 있습니다.

이것이 에너지보존법칙(❶)인데, 물체가 가진 퍼텐셜에너지와 운동에너지(❷)가 바뀌어 에너지의 총합이 보존된다는 법칙입니다. 이 법칙을 이용하면 절벽 위에서 떨어질 때의 속도를 구할 수 있습니다.

퍼텐셜에너지부터 생각해 봅시다. 이건 물체를 어떤 높이까지 끌어 올리는, 이동시키는 '일'입니다. 역학에서 말하는 일이란 물체에 더해진 힘과 물체가 움직인 거리의 곱이지요. 물체의 질량을 m, 중력가속도를 g, 끌어 올리는 높이를 h로 하면 중력을 거슬러 물체를 끌어 올리는 데 필요한 힘은 $m \times g$가 되기 때문에 물체를 높이 h까지 끌어 올리는 일은 $m \times g \times h$가 됩니다. 이것이 퍼텐셜에너지입니다.

다음은 운동에너지입니다. 질량이 m인 물체가 속도 v로 이동할 때 물체의 운동에너지는 $\frac{1}{2}mv^2$이 됩니다.

키워드 ❷

퍼텐셜에너지와 운동에너지
높이가 있는 곳에서 물체가 갖는 에너지를 퍼텐셜에너지, 움직이는 물체가 갖는 에너지를 운동에너지라고 한다.

실제로 계산해 보면 뜻밖에 가능할지도 모른다

애니메이션의 자동차 추격전 이야기로 돌아가 봅시다. 루팡이 절벽을 오른 운동에너지는 에너지보존법칙에 따라, 다 올라간 절벽 위의 퍼텐셜에너지와 같습니다. 또한 퍼텐셜에너지는 질량 m, 중력가속도 g, 높이 h의 곱으로 구하기 때문에 절벽에서 떨어지는 운동에너지와 같습니다.

즉 차를 고려해서 계산되는 높이(h=16m)와 중력가속도(g=9.8m/s^2)와 질량을 곱해서 나오는 퍼텐셜에너지가 떨어질 때의 운동에너지 $\frac{1}{2}mv^2$과 같아지기 때문에, 계산 결과 속도 v는 시속 63.8km가 나옵니다. 즉 시속 64km 정도면 높이가 16m인 절벽을 수직으로 올라갈 수 있어요.

그런데 애니메이션에서는 자동차가 절벽의 옆면을 타고 달렸지요. 수직 방향으로 시속 63.8km가 필요하다는 사실에서 다시 45도 각도로 올라갈 때를 계산하면, 그 속도는 시속 90km 정도였을 겁니다. 어쩌면 실현될 것만 같은 절묘한 속도네요.

에너지보존법칙

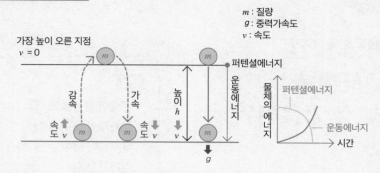

가장 높이 오른 지점
$v = 0$

m : 질량
g : 중력가속도
v : 속도

퍼텐셜에너지

운동에너지

감속

가속

높이
h

속도 v

속도 v

v

g

물체의에너지

퍼텐셜에너지

운동에너지

시간

가장 높이 오른 지점에서 떨어지는 속도는 그 지점까지 던져 올리는 속도와 같다

물체를 던져 올렸을 때, 가장 높이 오른 지점에서 떨어지는 움직임은 그 지점까지 올라가는 움직임과 같다. 이때 그 높이까지 던져 올리는 데 필요한 속도와 그 높이에서 떨어지는 최종 속도가 같아진다.

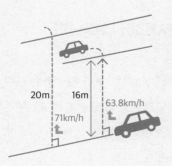

20m

16m

71km/h

63.8km/h

에너지의 총량은 일정하다

퍼텐셜에너지와 운동에너지가 이 법칙에 따라 작용한다. 물체가 떨어질 때 높이에 따른 퍼텐셜에너지가 속도에 따른 운동에너지로 바뀐다.

결론

16m 절벽이라면 시속 64km가 필요해요. 높이가 늘어나면 필요한 속도도 커져요.

여덟 빛깔
무지개를
볼 수 있을까?

무지개는 햇빛이 물방울에 반사되어 나타난다

무지개는 빨강, 주황, 노랑, 초록, 파랑, 남색, 보라 등 일곱 가지 빛깔이라고 합니다. 왜 이렇게 일곱 가지 색으로 정해졌을까요? 무지개 색의 숫자가 늘거나 줄 수는 없을까요? 숫자를 이야기하기 전에 무지개가 나타나는 원리부터 생각해 봅시다.

무지개가 나타나려면 세 가지 조건이 필요합니다. 첫째, 비가 오

키워드 ①

파장

가시광선은 파의 일종으로, 공간을 이동하는 전자기파다. 파가 강해진 부분, 즉 파의 정점에서 다음 정점에 이르는 거리를 파장이라고 하며 가시광의 파장은 380~770nm다. 이보다 파장이 긴 빛을 적외선, 짧은 빛을 자외선이라고 한다.

다가 그치거나 해서 대기 중에 물방울이 떠다녀야 합니다. 둘째, 햇빛이 있어야 합니다. 그리고 마지막으로, 태양의 위치가 낮아야 합니다. 무지개는 햇빛이 물방울에 반사되어 나타나기 때문에 비와 태양이 다 있어야 합니다.

햇빛은 자외선·가시광선·적외선 등 파장(❶)이 다른 빛들이 섞여 있기 대문에, 보통은 무지개처럼 색이 나뉘어 보이지 않아요. 그런데 태양이 낮은 위치에 있고, 공기 중에 물방울이 있으면 물방울에 들어간 햇빛이 마치 프리즘을 통과하듯 42도 정도로 반사될 때가 있습니다. 이렇게 물과 공기의 경계를 통과하는 빛의 굴절(❷)이 일어나고 파장이 다른 빛이 조금씩 어긋나면서 바깥에 나와 빛의 그러데이션, 즉 무지개로 보입니다. 그리고 무지개는 가시광선의 스펙트럼(❸)이라서 색을 구별하기가 애매합니다. 무지개를 일곱 가지 색으로 보는 것은, 뉴턴이 7음계를 참고하여 그렇게 정했다는 설이 있습니다. 나라에 따라 보통은 다섯에서 여섯 가지 색으로 봅니다.

무지개의 여덟 번째 색이 있다

무지개는 파장이 **380~770nm**(나노미터)인 가시광선이 늘어서면

키워드 ❷

빛의 굴절

빛은 물과 공기처럼 밀도가 다른 물질의 경계를 지날 때 진행 방향이 달라지는 성질이 있다. 이 굴절각은 물질의 밀도나 빛의 색에 따라 다르다.

키워드 ❸

가시광선의 스펙트럼

햇빛이 백색으로 보이지만 사실 저마다 색이 다른 빛의 혼합체. 프리즘이나 물방울의 굴절로 복합광이 갈라져 파장 순서로 나열된 것을 스펙트럼이라고 한다.

서 만들어집니다. 이 파장의 범위를 자세하게 나누면 색의 수가 늘어나겠지요. 예를 들면, 파랑과 초록 사이에서 녹청색(480~490nm)과 청록색(490~500nm) 등 두 가지 색을 구별해 인식할 수 있습니다. 빨강도 빨간색(610~750nm)과 자홍색으로 나눌 수 있어요. 이렇게 하면 무지개는 일곱 색이 아니라 열 색 이상으로도 분류할 수 있습니다.

하지만 대개 날씨의 변덕에 따라 생기는 무지개는 색이 옅고 경계도 애매해서 일곱 가지 색을 구분하기도 어렵습니다. 평범한 시력으로는 기껏해야 네다섯 가지 색으로 구분하지 않을까요? '많은 색이 펼쳐진 듯' 보이는 무지개를 '일곱 색'으로 생각하는 것은 어릴 때부터 들은 지식 때문이라고 봅니다.

사람 눈의 한계를 넘어서 더 많은 색의 무지개를 보는 방법이 있습니다. 적외선과 자외선을 검출하는 겁니다.

햇빛에 포함된 적외선과 자외선은 아주 적지만 그것이 물방울에 굴절되어 스펙트럼으로 보면 빨간색 빛과 보라색 빛이 되어 각각 늘어섭니다. 적외선과 자외선을 찍을 수 있는 검출 소자를 이용한 카메라라면, 인간의 망막에 비치지 않는 적외선과 자외선의 색을 포함하는 무지개를 볼 수 있습니다. 다만 검출 소자가 기록한 것을 사람의 눈으로 볼 수 있는 파장의 잉크로 인쇄하거나 디스플레이에 표시하는 정도의 수고는 필요합니다.

햇빛에 포함된 색

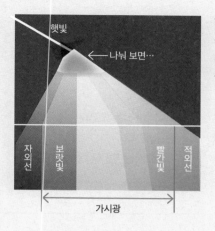

햇빛

← 나눠 보면…

자외선

보랏빛

빨간빛

적외선

가시광

햇빛에는 갖가지 색의 빛이 있다

햇빛을 이루는 갖가지 색 사이에는 명확한 경계가 없다. 인간의 눈에 보이는 가시광선뿐만 아니라 자외선과 적외선도 있다.

물방울을 통한 빛의 굴절

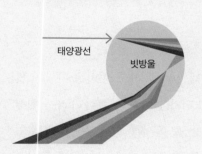

태양광선

빗방울

색에 따라 다른 굴절률이 무지개를 만든다

무지개는 물방울에 들어간 햇빛에 섞여 있던 여러 색이 반사될 때 굴절률에 따라 다른 각도로 나와서 일곱 가지 색으로 보인다.

결론

구분하기가 어렵지만 무지개에는 여덟 가지가 넘는 색이 있어요.

메아리가
영원히 울릴 수
있을까?

핵심
• 메아리는 소리가 반사되어
  생긴다
• 소리는 멀어지면 줄어든다

메아리가 생기는 원리

산에 올랐을 때 건너편 산을 향해 "야호!" 하고 외치는 사람이 많을 것입니다. 조건이 맞으면 내 목소리가 돌아오는 '메아리'라는 현상을 체험할 수 있어요. 메아리는 소리, 즉 음파에 반사되는 성질이 있기 때문에 일어납니다. 크게 외친 사람은 목소리가 몇 번이나 돌아온 경험이 있을 겁니다. 그럼 아주 큰 소리를 내면 메아리가 '영원히' 이어지지 않을까요?

메아리가 울릴 때까지 걸리는 시간은 건너편 산이 얼마나 떨어져 있는가에 따라 달라집니다. 음속은 대기 중에서 **초속 340m**로 일정하기 때문에 소리를 외치고 2초 뒤에 메아리가 울렸다면 소리가 680m

를 이동한 겁니다. 물론 왕복 거리니까, 이 경우 건너편 산은 340m 거리에 있습니다.

그런데 돌아온 목소리가 처음 외친 목소리에 비해 상당히 작을 겁니다. 그 이유 중 하나는 산이 소리 중 극히 일부만 반사한다는 것입니다. 그리고 다른 이유는, 멀리 갈수록 줄어드는 소리의 성질에 있습니다.

아무리 큰 소리도 결국 작아진다

귀에 들리는 소리는 공기의 압력이 높아지거나 낮아지면서 1초에 열 번에서 몇 만 번까지 진동해 고막을 울리는 현상입니다. 그리고 이 진동의 폭이 음압(音壓), 즉 소리의 크기입니다. 음압은 압력이기 때문에 파스칼(Pa)로 측정하지만 수준에 따라 관습적으로 데시벨(dB)**①**을 씁니다. 음압의 세기(강도)는 거리와 관계있어서, 열 배 멀어지면 20dB 줄어들어요.

기네스북의 최고 성량 기록은 120dB을 넘습니다. 이런 소리를 1cm 앞에서 듣는 경우 10cm 떨어지면 100dB, 1m 떨어지면 80dB, 10m 떨어지면 60dB로 소리가 작아져서 10km 거리를 두면 0dB이

키워드 **①**

dB(데시벨)

음압이 A인 소리의 크기를 나타내는 데 음압수준 $20\log(A/A_0)$를 쓰는 경우가 있다. A_0는 들을 수 있는 소리의 한계 음압으로 2×10^{-5}Pa 이다. 음압수준의 단위는 dB이다. 음압수준이 10dB 올라갈 때 음압은 열 배가 된다.

됩니다. 거꾸로 말해, 120dB의 '야호' 소리는 10km 가까이 가는 셈이 네요.

그럼 100m 떨어진 곳에 산이 아니라 판판한 벽이 있고, 이 벽에 반사되어 온 소리를 다시 반사하기를 반복해서 메아리를 만든다면 어떻게 될까요?

계산상으로는 왕복 50번이 한계입니다. 하지만 실제로는 소리가 100% 반사되지 않기 때문에 왕복 횟수가 더 적어지겠지요. 따라서 더 적게 줄어드는 메아리를 만들려면 처음 내는 소리를 더 크게, 반사면에 이르는 거리를 더 짧게 합니다. 대기 중에서 음압수준의 최대치 (❷)가 194dB이니까, 우리는 1m 거리에서 190dB인 소리를 가정합시다.

이 정도 소리라면 이론상 대기 중에서는 300만km까지 가고, 벽이나 산에 막히지 않으면 지구를 75회 돌 수 있습니다. 이 소리를 100% 반사하는 벽이나 산으로 보내면 100일 동안 울리는 메아리가 될 겁니다. 무한하지는 않아도 꽤 길게 이어지네요.

키워드 ❷

음압수준의 최대치

1기압의 공기 중에 음압수준 194dB을 넘는 소리가 생기면 음압이 높은 곳에서 2기압을 넘고 낮은 곳에서는 0기압을 밑돌게 된다. 이보다 큰 소리라면 일반적인 음보다는 충격파로 생각해야 한다.

메아리가 생기는 원리

음파는 반사하는 성질이 있다
메아리는 소리가 도달하는 건너편 산 표면에 음파가 반사되어 생긴다. 돌아오는 시간은 건너편 산과 떨어진 거리에 따라 달라진다.

음압은 거리에 따라 줄어든다

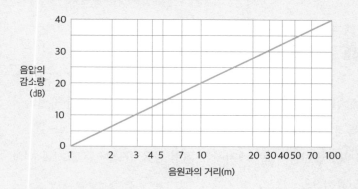

소리는 멀어질수록 줄어든다
음압수준의 감소는 로그를 따르기 때문에 거리가 열 배가 될 때마다 20dB 줄어든다.

결론

100% 반사하는 벽에 부딪힐 경우 190dB인 메아리는 100일 정도 이어져요.

6

내압 돔을 만들어 해저 도시에서 살 수 있을까?

심해 도시 최대의 적은 수압

현대 인류가 우주와 나란히 미지의 세계로 여기는 곳이 바닷속입니다. 특히 심해에 대해서는 아직 수수께끼인 부분이 많고 탐사도 진전되지 않았습니다. 이런 해저에 SF처럼 돔을 만들어 큰 도시를 건설할 수 있을까요?

물속에서 살려면 당연히 물이 들어오지 않는 공간을 만들어야 합니다. 해저에 밀폐된 돔을 만드는 데는 지상에 만드는 것과 비교도 안 될 만큼 큰 문제가 있어요. 바로 수압입니다.

해발 0m 지점의 기압이 **1기압**입니다. 기압은 장소에 더해지는 공기의 무게에 따른 것으로 1000m 올라갈 때마다 대략 0.1기압이 낮아집니다. 상당히 높은 지대에 가지 않는 이상 지상에서 생활하는 데 기압이 문제가 되지는 않습니다. 한편 수압은 10m 내려갈 때마다 1기압씩 증가합니다. 물의 무게가 늘어나기 때문이에요. 수심 70m 지점은 8기압이고, 해저 입구인 수심 200m 지점에서는 21기압에 이릅니다. 따라서 심해에서 살려면 적어도 21기압 정도를 견디는 돔을 만들어야 합니다. 수천 미터 깊이의 심해라면 견뎌야 할 수압이 몇 백 기압까지 됩니다.

해저 돔을 지키는 가장 간단한 방법은 내부에서 바깥쪽으로 똑같은 기압이 작용하게 하는 것인데 평범한 인간이 생활할 수 있는 기압은 높아야 10기압 정도입니다. 평범하게 생활하려면 역시 1기압이어야 할 테고요.

그럼 돔 내부와 바닷물 사이에 수압을 견딜 수 있는 칸막이벽을 두면 어떨까요? 안타깝지만 현재 개발 중인 심해 잠수정❶용 티타늄합금과 강화플라스틱 이중구조 소재도 9.8기압까지만 견딜 수 있습니다. 수심 200m의 21기압에서는 찌부러져요. 칸막이벽을 겹겹이 설치해 각 벽이 9.8기압씩 감압하는 구조로 만들 경우, 세 겹이라면 29.4기압이 줄어 21기압도 견딜 수 있을 겁니다. 하지만 문제는, 도시 규모의 돔이라면 그 위아래에 작용하는 수압이 다르다는 점입니다. 기압 차이가 생긴 탓에 칸막이벽이 파손될 위험성이 있어요.

키워드 ❶

심해 잠수정

수심이 수천 미터에 이르는 심해를 조사하기 위한 잠수정. 현재 잠수 기록상 가장 깊은 수심은 스위스와 이탈리아가 공동 개발한 바티스카프 트리에스테호가 세운 1만 911m다.

심해에 만드는 공간은 공같이 둥글어야 한다

그럼 심해 잠수정은 어떻게 수백 기압을 견디면서 활동할 수 있는 걸까요? 일본의 심해 탐사정 '신카이 6500'에서 승무원이 탑승하는 압력 선체 부분은 수심 6500m의 680기압을 견딜 수 있습니다. 1cm²당 680kgf나 되는 압력이지만 압력 선체를 완벽하게 구형(球形)으로 만든 덕에 견딥니다. 물속에 있는 물체는 모든 방향에서 똑같은 압력을 받습니다. 이것이 파스칼의 원리❷인데, 공같이 둥근 형태가 이런 압력을 견디는 데 가장 적합합니다.

따라서 흔히 생각하는 반구형 돔이 아닌 구형 공간을 잠수정의 압력 선체와 같은 소재로 만들어서 거주 공간으로 삼으면 해저 도시라는 꿈을 이룰 수 있습니다. 다만 '신카이 6500'의 압력 선체 안지름이 2m로, 세 명이 타기에도 상당히 갑갑합니다. 대형 구체를 만들려면 기술혁신이 필요해요.

키워드 ❷

파스칼의 원리

밀폐된 용기 안에 있는 유체의 한 부분에 받은 압력이 같은 크기로 다른 모든 부분에 전달된다는 원리. 잠수정의 압력 선체에서는 수압이 압력, 압력 선체 안의 기체가 유체에 해당한다.

해저에 거주 공간을 만들려면

해저에 돔을 만들기는 힘들다

애니메이션에 나오는 것 같은 반구형 해저 돔은 칸막이벽을 겹겹이 만들어야 한다. 게다가 벽면에 작용하는 수압과 내부의 기압이 다르면 일부에만 지나치게 힘이 작용한다.

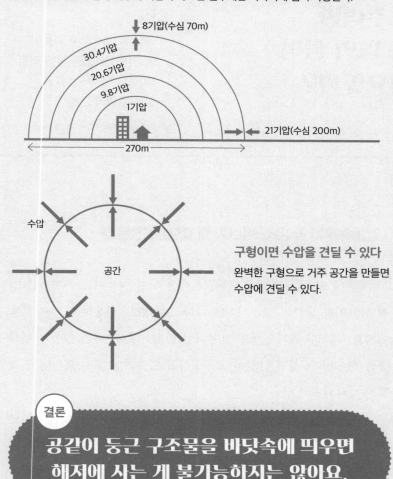

8기압(수심 70m)

30.4기압

20.6기압

9.8기압

1기압

21기압(수심 200m)

270m

수압

공간

구형이면 수압을 견딜 수 있다
완벽한 구형으로 거주 공간을 만들면 수압에 견딜 수 있다.

결론

공같이 둥근 구조물을 바닷속에 띄우면 해저에 사는 게 불가능하지는 않아요.

7

고속열차를 멈추려면 몇 명의 힘이 필요할까?

> **핵심**
> - 성인 남성의 경우 일률이 0.1마력인데, 단시간이라면 1마력을 낼 수도 있다
> - 일과 일률의 관계

고속열차의 운동에너지를 0으로 만든다

예전에 인기를 끈 만화 『근육맨』에는 어떤 영웅이 고속열차를 멈춰 강아지를 구하는 장면이 나옵니다. 그야말로 영웅다운 힘과 행동이지요. 그러나 안타깝게도 만화처럼 엄청난 힘을 가진 영웅을 부를 수는 없으니까, 성인 남성이 고속열차를 멈추려면 힘이 얼마나 필요할지 생각해 봅시다.

움직이는 물체를 멈출 때는 '일정 시간에 얼마나 일할 수 있었는가'를 나타내는 일률❶을 따져 봅니다. 성인 남성은 일률이 0.1마력❷ 정도라도 순간적으로는 1마력을 낼 수 있다고 합니다. 1마력은 745.7W(와트)에 해당합니다.

그럼 달리는 고속열차의 운동에너지는 어느 정도일까요? 만화와는 다르지만 현재 일본의 대표적인 고속열차는 '하야부사'입니다. 이 열차의 질량은 453.3t, 도쿄-모리오카 구간을 주행하는 속도는 시속 320km입니다. 운동에너지는 **1/2×질량×속도(초속)의 제곱**으로 거의 1790MJ(메가줄)까지 올라갑니다.

고속열차의 에너지를 알았으니까, 이제 성인 남자 몇 명이 나서야 달리는 하야부사를 멈출 수 있을지 계산해 봅시다. **일률은 일의 양/걸리는 시간**으로 구할 수 있으니까. 열차를 멈추는 데 5초가 걸릴 경우 일률(P)은 1790MJ/5s=358MW(메가와트)입니다. 이걸 성인 남자가 순간적으로 내는 일률로 나누면 48만 명 정도입니다. 멈출 때까지 필요한 거리는 222m쯤 되네요. 48만 명이 고속열차 앞에 몰려들어 222m에 걸쳐 힘쓸 준비를 하기가 상당히 어렵겠지만, 계산상으로는 고속열차를 멈출 수 있습니다.

그러나 실제로 이렇게 고속열차를 멈추려 하면 열차 안에서 엄청난 일이 벌어집니다.

S
F

키워드 ①

일률

일정 시간에 한 일의 양이다. '일의 양÷시간'으로 구할 수 있다. 단위는 와트(W)이며 1W는 1J/s에 해당한다.

키워드 ②

마력(hp)

말이 짐을 끌 때 일률을 기준으로 한 일률의 (비국제)단위. '1hp=745.7W'다.

관성의 법칙 때문에 고속열차 안에서
큰 참사가 일어난다

앞서 말했듯이 시속 320km로 달리는 열차가 5초 만에 멈췄다가는 관성의 법칙 때문에 가속도(1.8g)가 열차를 덮쳐 승객이 앞쪽으로 튕겨 나가겠지요. 이때 튕겨 나가는 거리가 20m나 될 수도 있어서, 이만 한 거리를 다 가기 전에 차체에 부딪혀 다치는 사람이 끊임없이 나오는 엄청난 피해가 생길 것입니다.

그럼 자동차의 급가속에 해당하는 0.3g 정도로 천천히 정지하려면 몇 초 만에 멈춰야 할까요? 답은 약 30초이며 정지거리는 1.3km 쯤 됩니다.

이제 다 잘 된 것 같지만 생각해야 할 부분이 있어요. 222m든 1.3km든 강아지를 구하기 위해 48만 명이 고속열차와 강아지 사이에 서야 한다는 점입니다. 이 자리에 모인 사람들의 성격상 강아지가 남자들에게 둘러싸여 있겠지요. 강아지를 냉큼 안아 선로에서 벗어난다면 고속열차를 멈출 필요는 없을 겁니다.

고속열차를 멈추려면

강아지

진행 방향

48만 명의 힘

48만 마력이라면 5초 만에 정지시킬 수 있다

성인 남성이 짧은 시간에는 1마력을 낼 수 있다. 따라서 고속열차의 운동에너지와 같은 일의 양을 구하려면 성인 남성 48만 명 정도가 힘을 합치면 된다는 계산이 나온다.

S
F

급정지할 때 관성의 법칙

관성력

진행 방향

급제동할 때 가속의 방향은
진행 방향과 반대다

관성의 법칙 때문에 몸이 앞으로 쏠린다

달리는 열차가 급정지할 때 내부의 물체에는 앞으로 계속 움직이려는 힘이 작용하는 것처럼 보인다. 이를 관성의 법칙이라고 하며 겉보기에 계속 움직이려는 힘을 관성력이라고 한다.

결론

고속열차를 54초 만에 멈춰 세우려면 성인 남성이 48만 명 넘게 필요해요.

8

풍선을 몇 개나 달면 집을 공중에 띄울 수 있을까?

> **핵심**
> - 부력의 크기는 그 물체가 밀어낸 유체의 중량이다
> - 공기에도 무게가 있다

부력은 아르키메데스의 원리로 설명할 수 있다

〈업〉(2009)이라는 애니메이션이 있습니다. 아내와 함께한 추억이 가득한 집을 재개발에서 지키려고 집에 풍선을 매달아 난다는 꿈같은 이야기입니다. 그런데 단순한 꿈이 아닙니다. 영화를 만들 때 현실성을 추구하기 위해 실제로 필요한 풍선의 개수를 계산했어요. 실제로 풍선으로 집을 띄우려고 한 사람도 있나 봅니다.

풍선은 왜 뜰까요? 물리적으로는 이것을 아르키메데스의 원리로 설명할 수 있습니다. 아르키메데스의 원리란 '유체 속의 물체는 그 물체가 밀어내는 유체 무게에 해당하는 부력❶을 받는다'는 것입니다.

유체 가운데 물의 부력에 대해 배를 예로 들어 설명해 보겠습니

다. 세계 최대급 유조선은 전체 길이가 440m, 폭 69m, 배수톤수 60만tf(톤포스) 정도 됩니다. 이런 쇳덩어리가 물에 뜨는 걸 신기해하는 사람도 있겠지요. 철의 밀도❷가 **7.87g/cm³** 정도로 물보다 훨씬 무거우니까요.

이쯤에서 아르키메데스의 원리를 적용해 생각해 봅시다. 아르키메데스의 원리에 따르면 부력이 밀어낸 유체의 무게니까, 60만tf라는 중량을 지탱하려면 60만tf 분량의 물을 밀어내야 합니다. 60만tf의 물은 60만m³고, 근삿값인 길이 440m에 폭 69m인 직사각형으로 계산할 때 20m 정도 깊이면 필요한 부력을 얻을 수 있습니다. 즉 물에 20m 들어가면 되니까, 터무니없어 보이진 않네요.

풍선으로 집을 띄우려면

풍선이 뜨는 원리도 이와 마찬가지입니다. 공기도 무게가 있기 때문에 풍선은 밀어낸 공기만큼 부력을 받습니다. 따라서 헬륨❸처럼 공기보다 밀도가 낮은 기체를 풍선에 넣으면 부력으로 뜨게 됩니다. 즉 날아갑니다.

풍선을 매달아 집을 띄우는 이야기로 돌아갑시다. 표준적인 2층

키워드 ❶	키워드 ❷
부력	밀도
유체 중에 존재하는 물체가 유체로부터 중력의 반대 방향으로 받는 힘. 액체인 물과 기체인 공기에 같은 원리를 적용할 수 있다.	단위 부피당 질량. 물의 밀도가 1cm³당 1g이기 때문에, 이보다 가벼운 것은 물에 뜨고 이보다 무거운 것은 가라앉는다.

목조 주택의 경우 무게가 $1m^2$당 0.8~1tf 정도라고 합니다. 대개 집은 $100m^2$쯤 되니까, 풍선을 매달 끈도 포함해서 100tf 정도로 생각하지요.

그다음에는 풍선의 부력을 계산합니다. 공기 1L의 무게는 1.3gf(그램포스), 헬륨 1L는 0.18gf입니다. 그럼 1L당 부력이 1.1gf 정도 되네요. 풍선은 보통 지름이 성인 얼굴 크기만 한 23cm죠. 이런 풍선에는 헬륨이 7리터 들어가고, 고무의 무게를 2gf라고 할 때 풍선 하나당 5.7gf의 부력이 생깁니다. 이를 통해 계산해 보면 풍선 1760만 개 정도로 100tf의 집을 충분히 띄울 수 있습니다. 만약 풍선 하나로 이 부력을 감당해야 한다면, 지름이 63m쯤 되는 어마어마하게 큰 풍선이어야 합니다.

애니메이션 〈업〉에서는 풍선을 1만 개 넘게 달았나 본데, 집이 작고 가벼웠을 겁니다.

키워드 3

헬륨

밀도가 낮고 화학적으로 안정되어 반응성이 낮은 기체. 끓는점이 영하 268.93℃로 아주 낮아 냉매로 쓰인다.

아르키메데스의 원리

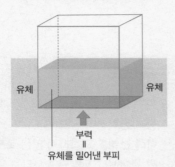

유체

유체

부력
=
유체를 밀어낸 부피

부력을 나타내는 식

$$F = -pVg$$

F : 부력
p : 유체의 밀도
V : 물체 중 유체에 잠겨 있는 부분의 부피
g : 중력가속도

밀어낸 부피의 무게가 부력이 된다

앞의 식처럼 부력의 크기는 물체가 밀어낸 유체의
무게와 같아진다.

풍선으로 집을 띄우려면?

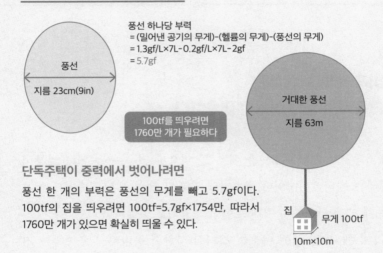

풍선

지름 23cm(9in)

풍선 하나당 부력
= (밀어낸 공기의 무게)-(헬륨의 무게)-(풍선의 무게)
= 1.3gf/L×7L - 0.2gf/L×7L - 2gf
= 5.7gf

거대한 풍선
지름 63m

100tf를 띄우려면
1760만 개가 필요하다

단독주택이 중력에서 벗어나려면

풍선 한 개의 부력은 풍선의 무게를 빼고 5.7gf이다.
100tf의 집을 띄우려면 100tf=5.7gf×1754만, 따라서
1760만 개가 있으면 확실히 띄울 수 있다.

집

무게 100tf

10m×10m

결론

풍선이 1760만 개 있으면
100tf의 집도 띄워요.

9

이족 보행을 하는 거대 로봇을 만들 수 있을까?

핵심

· 이족 보행에는 여러 가지 물리학적 힘과 움직임이 필요하다
· 이족 보행을 고집하지 않는 로봇이 전 세계에서 개발되고 있다

이족 보행 운동에는
연속적인 중심 이동이 필요하다

〈기동전사 건담〉(1979)을 예로 들 필요도 없을 만큼 거대 로봇이 등장하는 애니메이션이나 특수촬영 작품이 많습니다. 기술자도 많아서 현재 세계 각지에서 거대 로봇이 개발되고 있습니다.

그럼 애니메이션에 나오는 것처럼 사람이 올라타서 조종하는 거대 로봇을 실제로 만들 수 있을까요? 이를 실현하는 데 가장 큰 문제는 이동 방법입니다. 인간처럼 이족 보행을 하려면 적확한 중심 이동이 필요하기 때문에 자이로스코프(❶) 같은 것을 많이 쓰며 복잡하게 제어해야 합니다. 도대체 얼마나 복잡한지, 이족 보행 과정을 한번 살

펴봅시다.

이족 보행은 양발이 지면에 닿아 있는 데서 시작합니다. 한쪽 발을 들고 이 발을 앞으로 옮겨 다시 땅을 딛고, 이와 마찬가지로 다른 발을 들어서 옮기고 딛기를 반복합니다. 이때 다리와 몸에 힘이 어떻게 작용하는지 알아보겠습니다.

만약 왼발부터 걷는다면 무엇보다 먼저 왼발이 바닥을 찹니다. 이렇게 차는 힘의 반작용에 따라 발이 들어 올려지고 앞으로 나아갑니다. 이때 발을 들어 올리기 위해 몸의 중심이 오른쪽으로 쏠리며 앞으로 가기 위해 위쪽 방향으로 이동합니다. 이어, 왼발을 바닥에 놓으면 발을 놓는 힘에 대한 바닥의 반작용 때문에 앞으로 이동하는 속도가 줄어들어 왼발을 제대로 바닥에 댈 수 있습니다. 중심은 착지와 동시에 왼발로 옮겨지고 원래의 높이로 돌아갑니다. 그 뒤 오른발을 이동할 때도 왼발을 이동할 때와 똑같은 과정을 거칩니다.

이렇게 이족 보행에는 상하좌우 어디로든 원활한 중심 이동, 바닥을 차며 추진력을 만드는 힘, 발을 바닥에 댔을 때 마찰과 반동력, 발목·무릎·고관절의 굽히기와 펴기 등 다양한 물리적 힘과 작용이 필요합니다. 인간만 한 크기로는 이런 보행이 일부 실현되었지만 아직 연구 단계입니다.

키워드 ①

자이로스코프
회전하는 팽이를 내장해서 팽이의 각운동량 보존 특성으로 방향 변화를 측정하는 장치.

이족 보행 외에는 완성한 거대 로봇

만약 이족 보행을 할 수 있는 거대 로봇을 만들었다고 해도 그대로 조종하기에는 문제가 있습니다. 중심의 상하좌우 이동에 관한 것입니다. 예를 들어, 키가 성인 남성의 열 배인 거대 로봇이라면 중심이 흔들리는 폭도 열 배입니다. 그럼 로봇이 걷기만 해도 조종사가 크게 흔들려서 견딜 수 없겠지요.

현재 세계 각지에서 개발 중인 거대 로봇은 이족 보행 문제를 다양한 방법으로 극복하고 있습니다. 일본 사카키바라기계의 '랜드워커'는 바퀴가 붙은 두 발을 바닥에 스치듯이 교대로 움직이며 전진합니다. 상하좌우 중심 이동이 없어요. 스이도바시중공의 '쿠라타스'는 네 발에 달린 바퀴로 이동하는 4륜 주행 방식입니다. 고속 이동과 작은 회전을 하고 웬만한 턱도 올라가는 등 이동 성능이 뛰어납니다. 이 밖에 미국 메가보츠사가 만든 '이글프라임'은 무한궤도❷(캐터필러) 방식을 채택해, 턱이나 구멍 때문에 걷기 좋지 않은 환경에서도 꽤 잘 이동합니다. 이족 보행 방식을 제외하면 로봇이 이미 많이 실현됐습니다.

이대로 개발이 이어지면 거대 로봇이 활약하는 미래가 머지않은 듯합니다.

키워드 ❷

무한궤도

좁고 긴 철판 여러 개를 핀으로 연결한 벨트를 회전시켜 이동하는 방식. 전차가 대표적인 예다. 타이어에 비해 최고 속도는 느리지만 현재 기술 수준에서 이족 보행보다는 훨씬 빠르게 이동할 수 있다.

이족 보행을 할 때 중심 이동

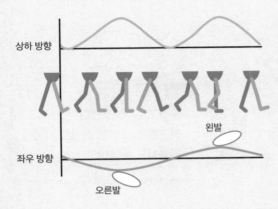

상하 방향

왼발

좌우 방향

오른발

인간은 무의식적으로 중심을 잡는다

인간이 걷거나 뛸 때 중심이 상하, 좌우로 이동한다. 속도와 바닥 상태에 따라서도 중심이 바뀌기 때문에 기계로 제어하기가 상당히 어렵다.

S
F

굳이 걸어야 한다면

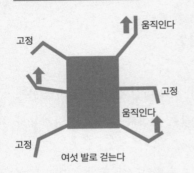

움직인다

고정

고정

움직인다

고정

여섯 발로 걷는다

발의 숫자를 늘리면 자세 제어가 쉬워진다

바퀴나 무한궤도가 아니라 걷는 방식을 고집한다면, 불안정한 이족 보행보다는 여러 발로 자세를 안정시키고 또 다른 발로 전진하기를 반복하는 다족 보행 방식 로봇이 알맞다.

결론

이족 보행 방식이 아니라면 거대 로봇은 거의 실현 단계에 있어요!

타임머신을
만들 수 있을까?

핵심

· 미래로 갈 수도 있다!
· 웜홀을 이용하면 과거로 갈 수
  있을지도 모른다

미래나 과거로 갈 수 있을까?

타임머신은 SF의 단골 소재입니다. 타임머신 같은 건 절대로 만들 수 없다고 생각하나요? 사실 미래로 가는 게 이론적으로는 불가능하지 않습니다.

아인슈타인의 상대성이론에 따르면 운동하는 물체의 시간은 늦게 갑니다. 그것도 광속(초속 30만km)에 가까우면 가까울수록 시간이 늦게 갑니다. 다만 광속에 가까워지면서 속도가 질량으로 변해(❶) 움직임이 느려지기 때문에 아무리 운동에너지를 더해도 광속을 넘을 수는 없습니다.

속도가 광속의 99%에 이르면 시간의 움직임은 약 7분의 1, 광속과의 차이가 10조분의 1% 이하가 되면 시간의 움직임은 약 2000만분의 1이 됩니다. 이것은 광속으로 비행할 수 있는 우주선을 개발해 30초 동안 우주여행을 하고 돌아오면 지구에서 21년이 흐른다는 뜻입니다. 물론 우주선을 타고 있는 사람에게는 시간이 평소와 똑같이 흐릅니다.

그런데 이 방법으로는 미래로만 가고, 원래 있던 시대로 돌아가지는 못합니다. 미래의 자신을 만날 수도 없어요.

웜홀을 통해 과거로 갈 수 있다고?

과거로 가기는 미래로 가기보다 훨씬 더 어렵습니다. 미국의 이론 물리학자 킵 손 박사(❷)가 어떤 원리에 따라 과거로 갈 수 있을지를 생각했습니다.

우선 과거로 가는 박사의 타임머신에는 일반상대성이론에 기초한 가상의 존재, 웜홀이 필요합니다. 웜홀은 시공간이 있는 한 점과 따로 떨어진 한 점을 잇고 있으며, 이를 통해 두 점 사이를 순식간에 이동할 수 있는 터널과도 같습니다. 만약 웜홀이 실재한다면 양자 크기로, 매우 작을 것으로 봅니다.

키워드 ❶

속도가 질량으로 바뀐다

상대성이론에 따르면 질량이 있는 물체는 광속에 가까워질수록 질량이 커진다. 힘을 더해도 가속도가 작아지기 때문에, 질량이 있는 물체는 광속을 뛰어넘을 수 없다.

키워드 ❷

킵 손(Kip Thorne) 박사

일반상대성이론과 블랙홀 연구로 알려져 있으며 영화 〈인터스텔라〉(2014)의 과학 자문을 맡았다. 2017년 중력파 발견의 공으로 노벨물리학상을 받았다.

과거로 가는 타임머신을 만들려면 웜홀을 '만들어서' 물체가 통과할 수 있는 크기로 확대해야 합니다. 웜홀의 출구를 광속에 가까운 속도로 계속 움직이면 출구만 시간의 흐름이 느려집니다. 출구만 움직이기를 10년 정도 계속 한다면 웜홀의 입구와 출구 사이에 10년이라는 시간차가 생기겠지요. 이렇게 만들어 낸 웜홀의 입구로 뛰어들어 10년 전 세계로 갑니다.

이 시간 여행이 이론적으로는 가능해도 웜홀을 만들고, 확대하고, 광속에 가까운 속도로 움직여야 하는 등 기술적인 문제가 많습니다. 양자역학적인 계산이 성립되지 않기 때문에 불가능한 방법이라는 지적도 있어요.

과학자들 가운데 시간 여행 구상은 모두 물리적으로 실현할 수 없기 때문에 시간 여행이 불가능하다는 시간 순서 보호 가설❸을 내놓은 사람도 있습니다. 이 가설이 증명되지 않았지만 이 가설을 깬 경우도 없어요. 따라서 SF 영화에 나오는 시간 여행을 실현하기란 아주 어렵다는 걸 알 수 있습니다.

키워드 ❸

시간 순서 보호 가설

시간 여행을 하려는 어떤 구상도 반드시 불가능하게 만드는 물리 법칙이 있기 때문에 시간 여행을 할 수 없다는 가설. 스티븐 호킹 박사가 제안했다.

과거로 가는 터널을 만드는 방법

출구만 광속으로 움직인다

따로 떨어진 장소를 직접 연결하는 웜홀을 만들어서 확대한다. 웜홀의 출구를 광속에 가까운 속도로 움직이면 입구와 출구 사이에 시간차가 생긴다.

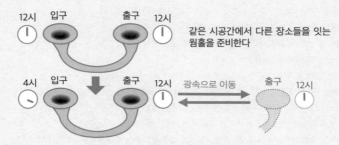

같은 시공간에서 다른 장소들을 잇는 웜홀을 준비한다

출구를 거의 광속으로 움직여서 입구와 출구 사이에 시간차를 만든다

뛰어들기만 하면 과거로 갈 수 있다

웜홀 입구에서 뛰어들면 과거로 가게 된다. 출구는 웜홀을 움직이기 시작한 시간이기 때문이다.

결론

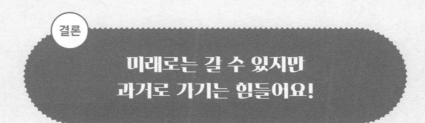

미래로는 갈 수 있지만
과거로 가기는 힘들어요!

참고 문헌

左巻健男·浮田裕 ,『大人が知っておきたい 物理の常識』(ソフトバンク クリエイティブ).

左巻健男,『面白くて眠れなくなる物理』(PHP研究所).

大宮信光,『科学理論ハンドブック50〈宇宙·地球·生物編〉』(ソフトバンク クリエイティブ).

_____,『科学理論ハンドブック50〈物理·化学編〉』(ソフトバンク クリエイティブ).

鳥海光弘,『これ以上やさしく書けない科学の法則』(PHP研究所).

左巻健男,『知っておきたい最新科学の基礎用語』(技術評論社).

遠藤謙一,『知っておきたい法則の辞典』(東京堂出版).

尾池和夫,『図解雑学: 地震』(ナツメ社).

長澤光晴,『図解 眠れなくなるほど面白い 物理の話』(日本文芸社).

大宮信光,『世界を変えた科学の大理論100』(日本文芸社).

真貝寿明,『日常の「なぜ」に答える物理学』(森北出版).

『はっきりわかる現代サイエンスの常識事典』(成美堂出版).

涌井貞美,『「物理·化学」の法則·原理·公式がまとめてわかる事典』(ベレ出版).

アイザック·マクフィー, 滝川洋二 監修, 緑慎也 翻訳,『物理:てこの原理から量子力学まで』(創元社).

横川淳,『ぼくらは「物理」のおかげで生きている』(実務教育出版).

鎌田浩毅·西本昌司,『本当にわかる地球科学』(日本実業出版社).

関口知彦 原作,『マンガ 物理に強くなる―力学は野球よりやさしい』(講談社).

L.G.アスラマゾフ, A.A.ヴァルラモフ,『身近な物理 川の流れから量子の世界まで』(丸善出版).

L.G.アスラマゾフ, A.A.ヴァルラモフ,『身近な物理 バイオリンからワインまで』(丸善出版).

小谷太郎,『身のまわりの科学の法則』(中経出版).

カルロ ロヴェッリ, 竹内薫·関口英子 翻訳,『世の中ががらりと変わって見える物理の本』(河出書房新社).

감수자
고타니 다로(小谷太郎)

도쿄대학에서 물리학으로 박사학위를 받았다. 우주물리학과 관측 장치 개발을 전공하고 이화학연구소(RIKEN), 미국항공우주국(NASA) 고더드 우주비행센터, 도쿄공업대학 등의 연구원을 거쳐 대학에서 강의하고 있다. 지은 책으로 『우주의 수수께끼를 좇아라! 탐사기·관측 기기 61(宇宙の謎に迫れ! 探査機·観測機器 61)』『왜 과학자는 태연히 거짓말을 하는가 (なぜ科学者は平気でウソをつくのか)』『이과의 '왜?'를 알 수 있는 책(理系の「なぜ?」がわかる本)』『물리의 4대 정수: 우주를 지배하는 c, G, e, h(物理の4大定数: 宇宙を支配する c、G、e、h)』 등이 있다.

감역자
도현진

포항공과대학 대학원에서 물리학 박사학위(2002)를 받았고, 성균관대와 토론토대에서 박사후 연구원으로 고온초전도체 연구를 했다. 이후 연세대, 건국대 등에서 강의하면서 위상절연체 연구를 했다. 현재 서울과학고등학교에서 물리교사로 재직 중이다. 『고등학교 물리학 실험 교과서』(2022 개정 교육과정)의 공저자로 참여했다.

원고 협력
무라사와 유즈루(村沢譲), 야마시타 히로키(山下大樹)
다카야마 유카(高山由香), 이시카와 레이코(石川玲子)
구라모토 다카후미(蔵本貴文), 이리야마 리사(入山莉紗)

상상하면
더 재미있는
물리 이야기

초판 1쇄 발행 2024년 12월 5일

감수자 | 고타니 다로(小谷太郎)
옮긴이 | 지비원
감역자 | 도현진
교정자 | 김정민
디자이너 | 운용
일러스트레이터 | 데라니시 아키라(寺西晃)

펴낸이 | 박숙희
펴낸곳 | 메멘토
신고 | 2012년 2월 8일 제25100-2012-32호
주소 | 서울시 은평구 연서로26길 9-3(대조동) 301호
전화 | 070-8256-1543 **팩스** | 0505-330-1543
전자우편 | memento@mementopub.kr

ISBN 979-11-92099-37-8 (43420)